Emil Du Bois-Reymond

Tierische Bewegung über die Grenzen des Naturerkennens

Die sieben Welträtsel

Emil Du Bois-Reymond

Tierische Bewegung über die Grenzen des Naturerkennens
Die sieben Welträtsel

ISBN/EAN: 9783743438798

Hergestellt in Europa, USA, Kanada, Australien, Japan

Cover: Foto ©berggeist007 / pixelio.de

Manufactured and distributed by brebook publishing software
(www.brebook.com)

Emil Du Bois-Reymond

Tierische Bewegung über die Grenzen des Naturerkennens

Tierische Bewegung

Über die Grenzen des Naturerkennens

Die Sieben Welträtsel

WISSENSCHAFTLICHE VORTRÄGE

VON

EMIL DU BOIS-REYMOND

EDITED, WITH INTRODUCTION AND NOTES

BY

JAMES HOWARD GORE, Ph.D.

PROFESSOR OF MATHEMATICS (FORMERLY OF GERMAN) IN THE
COLUMBIAN UNIVERSITY

BOSTON, U.S.A., AND LONDON
GINN & COMPANY, PUBLISHERS
1896

INTRODUCTION.

EMIL DU BOIS-REYMOND was born in Berlin, November 7, 1818. His father, a native of Neufchâtel, had in his youth been a watchmaker, but subsequently relinquished that pursuit and entered upon a literary career and official life in Berlin. DU BOIS-REYMOND's mother was descended from the Huguenots, who were driven from France by Louis XIV after the revocation of the Edict of Nantes.

In accordance with the custom then prevailing in Germany, DU BOIS-REYMOND, after attending the primary school, entered the Collège Français of his native town ; but his studies here were interrupted in 1829 by the removal of his family to Switzerland. During the several years of their residence in that country he was a student at the College of Neufchâtel. Thus it came about that he was as familiar with the French language as with the German.

After an absence of six or seven years, he returned to Berlin and entered the university of that city. His first impulses led him into the study of theology, ecclesiastical history, and philosophy, and his thorough work along these lines shows itself in the last two lectures here given. It is said that by chance he entered the lecture-room of

MITSCHERLICH and heard this celebrated chemist lecture
This accident gave a turn to his whole life. He felt that his
true vocation lay in the direction of the sciences and at once
took up with great zeal the study of chemistry, physics,
mathematics and, incidentally, geology.

No definite purpose pervaded his work until his attention
was called to the study of animated Nature and her world of
interesting problems. To equip himself properly for forcing
her to reveal her secrets, he rightly deemed a knowledge of
medicine as essential. So we next find DU BOIS-REYMOND a
medical student soon to come under the tuition of the illus-
trious anatomist and physiologist JOHANNES MÜLLER, whose
assistant he afterwards became.

This association with MÜLLER decided his life-work.
MÜLLER'S attention had been drawn to the subject of animal
electricity, but not having the time or the inclination to follow
up the subject, he proposed to DU BOIS-REYMOND that
he devote some time to it. Fortunately his former studies
in mathematics and physics had prepared him for this
work.

With the spring of 1841 he took up this problem of
proving that muscular action is accompanied by electrical
phenomena, and soon established facts enough to warrant
the publication in the following year of a short account of
his investigations. This was followed in 1848–49 by a work
in two volumes entitled *Untersuchungen über tierische Elektricität.*

In 1849 ALEXANDER VON HUMBOLDT presented to the
Academy of Sciences at Paris the results of DU BOIS-REY-

MOND's investigations upon this topic, but the communication was not received with favor, since it controverted conclusions recently announced by two of the Academicians. However in the following year Du Bois-Reymond with his own apparatus gave a demonstration before a commission of four members of the Academy who reported upon the success of the experiments.

This work was followed by studies in the electricity of nerve action, the conclusions of which were published in his *Gesammelte Abhandlungen zur allgemeinen Muskel- und Nerven-physik* (2 vols., Leipzig : 1875–77).

In 1858 he became Müller's successor as Professor of Physiology and Director of the Physiological Laboratory at the University of Berlin, and also as Editor of *Archiv für Anatomie und Physiologie*.

He was elected in 1867 perpetual Secretary of the Berlin Academy of Sciences, and discharges with great success those duties at public functions which this office imposes upon him. His Alma Mater has chosen him as Rector, and on the occasion of his installation he placed before the world his disapproval of mere philological studies in his address on *Goethe und kein Ende*.

Possessing an excellent knowledge of English, he has most acceptably lectured before the Royal Institution of London. On one of these occasions he showed the method of rendering the deflection of a galvanometer visible by a beam of light reflected from a mirror attached to the needle, — a method subsequently adopted by Sir William Thomson for reading the messages sent over the Atlantic cable.

Du Bois-Reymond's published addresses have passed
through many editions in their German form, — appearing
finally under the title of *Reden* (Leipzig : 1886–87), — and
they have also been translated into several languages. Few,
if any, scholars now living have exercised directly, as well as
through their students, such a wide-spread influence as can
be ascribed to this greatest of all German scientists.

* * *

While in Berlin in 1884 it was my good fortune to hear
Du Bois-Reymond speak. His style and delivery differed
so much from that of the other lecturers whom I heard that
I was impressed even before my knowledge of German
enabled me to appreciate his superiority over them in matter
of thought and diction. Therefore when the desire came
to me to make a contribution to the aids available to the
English-speaking students in their efforts to learn tech-
nical or scientific German, I at once thought of Du Bois
Reymond's lectures — three of which I now offer with such
lexical and explanatory notes as are deemed necessary to
insure an intelligent reading of the text. Some of these
notes were furnished by the distinguished author, while the
combined knowledge of several of my colleagues contributed
to the location and explanation of some of the learned
allusions.

In the selection of the lectures the purpose has been to
offer one prepared early in life, when the author was full of
the enthusiasm which comes with recent discoveries, while

the other two are believed to be those in which the greatest amount of diversified knowledge is exhibited and which consequently contain things with which every specialist must become familiar.

The note numbers follow the first word of the phrase annotated.

J. H. GORE.

COLUMBIAN UNIVERSITY,
December, 1895.

VORTRÄGE.

Tierische Bewegung.

MEINE DAMEN UND HERREN:

VON den unbelebten und von den übrigen belebten
Wesen der Schöpfung unterscheiden sich die Tiere durch
ihr Vermögen,[1] die Gestalt ihres Körpers, die Lage ihrer
Gliedmassen mit grösserer oder geringerer Kraft nach
Willkür zu verändern, und dadurch,[2] indem sie bald das   5
Erdreich, bald Wasser oder Luft zum Stützpunkt[3] ihrer
Anstrengungen wählen, sich, und andere Körper mit sich,
von Ort und Stelle zu bewegen. Einige Gewächse zwar,
wie die scheue Sinnpflanze,[4] die fliegenfangende Dionaee,[5]
der Berberizenstrauch[6] unserer Gärten, zeigen auf[7] äussere 10
Reize Spuren einer ähnlichen Thätigkeit. In Wahrheit
jedoch ist diese Thätigkeit ganz anderer Art; und wäre sie
es nicht, so würde das lebhafte Interesse, welches jene Aus-
nahmen stets erregt haben, am besten zeigen, wie sehr der
hervorgehobene[8] Unterschied zwischen Tieren und Pflanzen 15
sonst ein allgemeingültiger sei.

Von jenem Vermögen der Tiere, sich willkürlich zu
bewegen, welches der Mensch als solches mit ihnen teilt,

---

1. On **Vermögen** depend the infinitives *zu verändern* and *zu bewegen*
— 2. **dadurch, indem sie** . . . **wählen,** ' by their choosing.' — 3. **Stützpunkt ihrer Anstrengungen,** ' their supporting agent.' — 4. **Sinnpflanze,**
' sensitive plant ' (MIMOSA PUDICA). — 5. **Dionaee,** ' Dionæa,' a genus of
the order DIOSERCEÆ. The only species known is the D. MUSCIPULA,
or ' Venus's fly-trap,' the one referred to here. — 6. **Berberizenstrauch,**
' barberry ' (BERBERIS VULGARIS). — 7. **auf äussere Reize,** ' upon
external excitation.' — 8. **hervorgehoben,** ' emphasized.'

von der tierischen Bewegung, soll in diesem Vortrag
die Rede sein.

    Vielleicht glauben Sie nun, ich wolle[1] Sie unterhalten
von der wundervollen Stärke und Schnelligkeit der Beweg-
5 ungen so mancher Tiere ; von der staunenswürdigen Aus-
bildung, deren der menschliche Körper fähig ist ; von den
tausendfachen Gestalten, welche die Bewegungswerkzeuge[2]
in der Tierwelt, entsprechend der Lebensweise jedes Ge-
schöpfs, stets zweckmässig[3] und doch stets[4] nur durch
10 Umformung gewisser Grundtypen, annehmen.

    Doch nein. Diese Art der Betrachtung, so fruchtbar sie
sich teils an augenblicklich[5] anziehenden Einzelheiten, teils
an bedeutenden allgemeinen Ergebnissen erweisen würde,
liegt gänzlich ausserhalb meiner Absicht. Für die Art der
15 Betrachtung, die ich im Sinne habe, genügt mir die kleinste
Bewegung des kleinen Fingers, so gut wie die leiseste
Zuckung des letzten unscheinbarsten[6] Gliedes jener mikro-
skopischen Tierreihe,[7] welche EHRENBERG[8] uns entfaltet
hat. Wenn die Riesenmasse des Elephanten durch den
20 Urwald bricht ; wenn der Walfisch, mit einem Schlage
seines Schweifes, die Schaluppe[9] in die Lüfte schleudert ;
wenn der flüchtige Tiger, den jungen Stier über den Nacken
geworfen, in leichten Sätzen die englischen Renner[10] hinter

---

    1. **wolle**, subjunctive of indirect discourse. — 2. **Bewegungswerk-
zeuge**, 'organs of locomotion.' — 3. **zweckmässig**, adverb, 'fulfilling
their purpose,' 'suitably.' — 4. **stets**, adverb, 'ever,' 'always'; it is no
part of the verb *stehen*.

    5. **augenblicklich anziehenden Einzelnheiten**, 'details for the
moment attractive.' — 6. **letzten unscheinbarsten**, 'least and most
insignificant.' — 7. **Tierreihe**, 'animal species.' — 8. Christian Gottfried
Ehrenberg (1795–1876), a physician of note, at one time Professor of
Medicine in the University of Berlin and Secretary of the Academy of
Science. He was the author of a number of papers on *Unsichtbare
Organismen.* — 9. **Schaluppe**, related to *sloop*, 'boat.' — 10. **Renner,**
'race horses,' 'hunters.'

sich lässt ; wenn der unermüdliche Hai tagelang dem Schiff
zur Seite schwimmt, in dessen Kielwasser er auf Beute
hofft ; wenn der Riesengeier der südamerikanischen[1] Alpen
dem Beobachter auf ihren Gipfeln in die Lüfte entschwindet:
so sind diese grossen Scenen aus dem Leben der Tiere wohl 5
geeignet, unsere[2] Aufmerksamkeit zu fesseln, unser Staunen
zu erregen, unsere Phantasie zu erfüllen. Von dem Standpunkt aber des theoretischen, des begreifenden Naturforschers aus,[3] der die Erscheinungen zergliedert, um auf
ihren Grund zu gehen, von diesem Standpunkt aus, auf den 10
wir uns heute stellen wollen, haben[4] jene Scenen nichts
voraus vor dem Anblick eines Hundes, der über die Strasse,
einer Fliege, die über den Tisch läuft, nichts voraus vor der
Thatsache, dass ich in jedem Augenblick im Stande bin zu
wollen, mein Arm solle sich heben, und siehe da, mein Arm 15
hebt sich in der That.

Sie kennen (aus den *Fliegenden Blättern*[5]) die Geschichte
von den Bauern, die, nachdem sich ihr Pastor abgemüht
hatte, ihnen den Mechanismus des Dampfwagens auseinan-
derzusetzen, bei der ersten vorbeistürmenden Maschine 20
kopfschüttelnd meinten, Herr Pastor, es sind doch[6] Pferde
drin !

Die komische Kraft dieser Geschichte liegt für die meisten
Menschen darin, dass die Bauern nicht begreifen wollen, wie
sich die Lokomotive durch Dampfkraft fortbewegen könne. 25

1. **südamerikanischen Alpen,** poetic term for the Andes. — 2.
unsere . . . erfüllen; notice the climax, ' to attract our attention, to
excite our surprise, to monopolize our fancy.' — 3. **Von dem Standpunkt . . . aus;** an adverb is often added after the noun governed by
a preposition to emphasize the relation expressed by the preposition.
— 4. **haben . . . nichts voraus vor,** 'have nothing superior to.'
5. **Fliegende Blätter,** name of a famous Munich comic paper,
founded in 1844. — 6. **doch** has the force, in a reply, of 'in spite of all
[you have said].' See SANDERS, *Hauptschwierigkeiten der deutschen
Sprache.*

Für den Naturforscher liegt das Komische vielmehr darin,
dass die Bauern es natürlicher finden, wenn ein Wagen
durch Pferde, als wenn er durch Dampf fortbewegt wird.
Und von diesem Gesichtspunkt aus fallen, wie Sie sehen,
5 von den Lachern über die Geschichte gar manche in die
Kategorie der Bauern, denn wer geht wohl nach der Eisen-
bahn, um einen Pferdezug vorüberrollen zu sehen, und wer
überlässt es nicht dem Naturforscher, auch einer langsam
fahrenden Droschke [1] als einem Wunder nachzublicken?
10 Beobachten Sie ein Kind in jenem lieblichen Alter der
Entwickelung, wo es zuerst beginnt, sich [2] mit frischem
Blick der Aussenwelt zu erschliessen, und die Gründe seiner
Empfindungen ausser sich [3] zu versetzen. Es sitzt am Tisch;
man hat ihm einen Löffel zum Spielen gegeben; es schiebt
15 ihn hin und her auf der Tischplatte. Zufällig erreicht der
Löffel den Rand und fällt klingend zu Boden. Ein unbe-
grenztes Entzücken verklärt das kleine Gesicht; so oft
dem Kinde der Löffel wieder aufgehoben wird, wiederholt
es jubelnd denselben Versuch; sein unverdorbenes Gemüt
20 ahnte noch nicht, dass die Körper schwer sind, dass ein
nicht unterstützter Körper dem Mittelpunkt der Erde zueilt;
wie sollte es? Erst manche, zum Teil schmerzliche Erfahrung wird ihm im Lauf der Jahre diese Wahrheit dergestalt
einprägen,[4] dass es meinen wird, sie verstehe [5] sich von
25 selbst.
In dem Gesetzbuch des Naturforschers aber heisst es wie
in der Schrift: Wahrlich, ich sage euch, es [6] sei denn, dass
ihr euch umkehret, und werdet wie die Kinder, so werdet

1. **Droschke,** 'cab' from the Polish *drózka*, introduced into German about 1818 as *Drotschke.*
2. **sich . . . zu erschliessen,** 'to comprehend,' 'becoming receptive.'
— 3. **ausser sich zu versetzen,** 'to transfer beyond himself'; 'take an objective point of view.'— 4. **einprägen,** from *Präge,* 'coin,' or 'stamp'; therefore *einprägen,* 'impress.' — 5. **verstehe;** cf. note 1, page 2.
6. **es sei denn, dass,** 'unless'; taken from Matth. xviii. 3.

ihr nicht in das Himmelreich kommen. Und so sehen Sie
den Naturforscher überall bestrebt, auf den Standpunkt des
Kindes zurückzukehren, welches noch all sein Leid vergisst,
wenn ihm irgend ein Bewegtes, gleichviel ob leblos oder
belebt, ein trieselnder[1] Zinnteller oder eine spielende Katze, 5
vor die Augen geführt wird. Nur dass zwischen der Art
des Naturforschers, sich über diese Erscheinungen zu verwundern, und der des Kindes freilich dieselbe Kluft liegt,
die den sittlichen Werth des durch[2] das Leben gereiften
Menschen von der Unschuld des Kindes trennt. 10
Sie,[3] meine Damen und Herren, gleich dem Naturforscher
wiederum teilhaftig zu machen der Verwunderung des
Kindes über die tierische Bewegung an[4] und für sich ; Sie[3]
der Gleichgültigkeit einer solchen Erscheinung gegenüber
zu entrücken : das ist das Ziel, welches ich mir in diesem 15
Vortrag gesteckt habe. Ich will versuchen, soweit die Zeit
es erlaubt, Ihnen in seinen Grundzügen den Mechanismus
der tierischen Bewegung zu erläutern ; Ihnen die Kette von
Wirkungen darzulegen, die sich abrollt jedesmal, dass Sie
ein Glied Ihres Körpers bewegen. Zuvor jedoch muss ich 20
die Nachsicht dieser Versammlung hinsichtlich eines Übel-
standes in Anspruch nehmen, der meinem Stoff unzertrenn-
lich anklebt. Sei[5] es mir vergönnt, meine Meinung durch
ein Gleichnis[6] zu versinnlichen.
Stellen Sie sich vor, ein Dampfschiff sei an einer unwirt- 25
baren Küste gestrandet, Mann[7] und Maus in der Brandung

1. **trieselnd,** 'whirling.' — 2. **durch . . . gereiften,** 'ripe in years,'
'matured by experience.'
3. **Sie,** accusative, depends on the following infinitive. — 4. **an und
für sich,** 'in and of itself,' that is, 'absolute,' 'pure and entire.' " When
the knowledge of a thing presents it as it is, *an und für sich*, it presents
it as a process or development in itself, by itself, for its own sake ; and
in such wise it is absolute." *The Logic of Hegel*, by W. WALLAU. —
5. **Sei,** subjunctive. — 6. **Gleichnis,** 'simile.'
7. **Mann und Maus,** 'everybody' ; alliterative idiom.

zu Grunde gegangen. Unter den Eingebornen, die vom
Gestade aus das Schiff mit rauchendem Schlot[1] und wirbeln-
den Rädern dem Sturme trotzen sahen, befinde sich ein
bevorzugtes[2] Gehirn, ein Negergenie, ein Toussaint L'Ouver-
5 ture.[3] Während seine sorglosen Brüder sich längst bei der
Vorstellung beruhigt haben, ein weisser Teufel habe das
Schiff beseelt, und ihre Piroguen[4] beim Fischfang scheu die
Gegend meiden, wo das Wrack liegt, brennt er, das Geheimnis des Wunderfahrzeuges zu erkunden. Tag um Tag
10 durchsucht er im Stillen die nunmehr kalten regungslosen
Reste des Schiffsrumpfes,[5] der sich noch unlängst so lebens-
feurig auf den Wogen tummelte. Er erkennt den Wellbaum,[6] an dem die Räder sassen, die Krummzapfen[7] und
Bläuelstangen,[8] die den Wellbaum drehten ; den Kessel mit
15 den Spuren der Feuerung unter ihm ; er verzeichnet verschiedene andere Organe, von deren Bedeutung er gleichwohl noch nichts ahnt ; mit einem Wort, er erforscht vor
allen Dingen den Bau der Maschine, deren Thätigkeit er
begreifen möchte, und erst nachdem er damit fertig gewor-
20 den,[9] unternimmt er es, sich eine Vorstellung zu machen
davon, wie dieser Bau zum Treiben des Schiffes habe
zusammenwirken können.[10] Wozu konnte der Kessel anders
dienen als Wasser zum Sieden zu bringen ? Hebt sich nicht
oft beim Kochen der Deckel des Gefässes und lässt den

---

1. **Schlot,** 'smoke-stack.' — 2. **bevorzugtes Gehirn,** 'preëminent genius.'
—3. **Toussaint L'Ouverture** (1743-1803), a negro slave who in 1791
liberated the slaves in Hayti and successfully resisted the attempts of
the French to reëstablish slavery. — 4. **Pirogue,** originally an American-
Indian word ; cf. French *pirogue*, Spanish *piroga, piragua* ; a ' dugout
canoe.' — 5. **Schiffsrumpf,** 'hull.' —6. **Wellbaum,** ' shaft.' —7. **Krumm-**
zapfen, ' cranks.' — 8. **Bläuelstangen,** ' connecting rods.' — 9. Supply
ist after **geworden.** — 10. **habe . . . können**; the modal auxiliaries when
used in connection with the infinitive of another verb, substitute the
infinitive for the past participle in the perfect and pluperfect tenses, thus
habe . . . können for *habe gekonnt.*

Dampf stossweise[1] kräftig entweichen? Sollte dies der
Quell der bewegenden Kraft nicht auch hier gewesen sein?
Ein Lichtstrahl dämmerte ihm auf; er wagt den Versuch,
die Glut unter dem Kessel zu erneuern und wer beschreibt
seine Genugthuung, wie mit eherner Brust die Maschine erst 5
langsam dann schneller und schneller aufstöhnt und gleich-
zeitig ihre gewaltigen Glieder sich taktmässig unwidersteh-
lich zu regen beginnen. Nun verfolgt er ihren Gang; nun
begreift er, während ihrer Lageänderung, den Zusammenhang der Teile, der ihm früher entging; nun versucht er 10
die Wirkung bald dieses bald jenes Hebels,[2] öffnet hier
einen Hahn[3] und schliesst ihn dort; und wenn[4] nicht sein
böses Geschick will, dass er das Sicherheitsventil[5] zu
schwer belastet und, ein Opfer seiner Wissbegier, mit dem
Kessel in die Luft fliegt, so steht zu erwarten, dass es ihm 15
gelingen werde, eine annähernd richtige Vorstellung von
dem Spiel der Schiffsdampfmaschine davonzutragen.

Jeder der geneigten Zuhörer hat in dem Wrack des
Dampfschiffes sofort die Leiche eines Tieres, in dem Beginnen unseres Toussaint L'Ouverture die Thätigkeit zu- 20
erst des zergliedernden Anatomen, der den Bau der Tiere
erforscht und beschreibt, dann des experimentierenden
Physiologen erkannt, der die vom Anatomen aufgefundenen
Thatsachen zusammenfasst, sie mit dem Verständnis belebt,
seine Schlüsse durch den Versuch prüft, durch die Ergeb- 25
nisse des Versuches zu neuen Beobachtungen geführt wird,
und so endlich eine annähernd richtige Vorstellung von
dem zu erforschenden Lebensvorgang davonträgt.

Diesen natürlichen Gang der Untersuchung werden auch
wir zu befolgen haben. Ehe ich dazu schreite, Ihnen das 30
Spiel eines Teils der tierischen Maschine darzulegen, muss

---

1. stossweise, 'intermittently' as contrasted with 'incessantly.' — 2.
Hebel, 'lever.' — 3. Hahn, 'stop-cock.' — 4. wenn . . . will, 'if his
evil genius does not desire.' — 5. Sicherheitsventil, 'safety-valve.'

ich Sie um die Erlaubnis bitten, Ihnen den Bau die.
Maschinenteils beschreiben zu dürfen. Ich misskenne
meine Kühnheit nicht, aus der abstossendsten[1] Wissenschaft, der Anatomie, .ein Kapitel auf diese Bühne zu
5 bringen. Schwerlich wird mich auch bei den Damen der
Hinweis zu rechtfertigen vermögen weder auf die bekannte
Anatomistin ANNA MANZOLINA[2] zu Bologna im vorigen Jahrhundert, noch auf die anatomischen Studien der modernen
Gräfin[3] Diogena mit der Laterne im Wappen. Eher gelingt
10 es mir vielleicht, sie zu beschwichtigen durch die Zusage,
dass ich mich kaum aus dem Kreis anatomischer An-
·schauungen entfernen werde, die jede Hausfrau täglich an
ihrem Küchentisch zu sammeln Gelegenheit hat.

———

Die Grundlage[4] des menschlichen und des tierischen
15 Körpers, wodurch seine allgemeine Gestalt, seine Grösse und
seine Verhältnisse bestimmt werden, bilden die Knochen,
deren Beschaffenheit aus dem gemeinen Leben als[5] hinlänglich bekannt vorausgesetzt werden darf. Sie dienen
den Weichteilen teils zur inneren Stütze teils zum äusseren
20 Schutz. Sie sind mit der unempfindlichen Beinhaut[6] be-
kleidet und, ausgenommen bei den Vögeln, wo sie der
Leichtigkeit halber Luft enthalten, mit einem gleichgültigen
untergeordneten Gebilde, dem Mark, erfüllt, daher es keinen
Sinn hat, wenn man sagt, man sei bis in's innerste Mark

1. abstossendst, 'most repulsive.' — 2. Anna Manzolina, an assistant
in preparing anatomical specimens at Bologna. See KEEN, *Sketch of
the Early History of Anatomy.* Philadelphia: 1870. — 3. Gräfin
Diogena, the heroine of a novel by Ida Marie Louise, Countess H. H.
(Hahn-Hahn). Leipzig: 1847.
   4. Die Grundlage is in the accusative. — 5. als . . . darf, 'may be
regarded as sufficiently well known.' — 6. Beinhaut, 'periosteum,' a
white fibrous covering of all bones except the teeth.

zcnüttert. Wo die Glieder sich beugen, in den Gelenken,
sind die Knochen mit schlüpfrigen Oberflächen kunstreich
aneinandergefügt und durch weisse, perlartig glänzende
Bänder, die in die gleichgeartete Beinhaut übergehen, fest
verbunden, so dass sie bald freierer bald beschränkterer 5
Bewegungen untereinander fähig sind.

So entsteht das wunderbare Gerüst,[1] welches, unter dem
Namen Gerippe bekannt, mit der Hippe[2] bewaffnet, in der
finstern Kunst des Mittelalters als das grässliche Bild des
Todes auftritt. Abgesehen von den Ausstellungen, die 10
LESSING[3] vom Standpunkt antiker Kunst aus wider diesen
Punkt germanischer Symbolik gerichtet hat, in doppelter
Beziehung eine tiefe Geschmacklosigkeit.
Einmal insofern als es ein bares Vorurteil ist, dass das
Skelet hässlich sei. Nur unterscheidet sich die Art der 15
Schönheit, die es dem gebildeten Auge darbietet, von der
des lebendigen Menschen oder Tieres noch durch etwas
Anderes, als durch ihre grössere Dauerhaftigkeit. Es ist
dieselbe Art der Schönheit, die an einem physikalischen
Instrument oder einer Dampfmaschine gefällt und die auf 20
dem harmonischen Eindruck vollendeter Einfachheit und
Zweckmässigkeit aller Formen beruht ; die man die mecha-
nische Schönheit nennen könnte und die sich zur plasti-
schen Schönheit etwa so verhält, wie die Eleganz die die
Mathematiker einer Formel nachrühmen, zur Eleganz eines 25
Sonetts. Und man kann nicht umhin, darin die überlegene
Bildungsstufe der italienischen Kunstschule im Vergleich
zur altdeutschen zu erkennen, wenn zur selben Zeit, wo
HANS HOLBEIN[4] der Jüngere seinen berühmten Totentanz

---

1. Gerüst, 'framework.' — 2. Hippe, 'scythe.' — 3. See LESSING,
Laokoon, section xi, also *Wie die Alten den Tod gebildet.*
4. Hans Holbein (1497–1554), a celebrated painter whose greatest
works are " The Dance of Death," " The Adoration of the Shepherds
and Kings," and " The Last Supper."

entwarf, der geniale Tausendkünstler BENVENUTO CELLINI[1] bereits die Schönheit des menschlichen Skelets verstand und pries. "Nichts in der Welt geht über ein schönes reinliches Skelet," ruft[2] denn auch bei IMMERMANN der
5 Freiherr von Münchhausen im Selbstgespräch, wo man ihm also glauben darf, aus, um sich über die Unannehmlichkeit eines bevorstehenden Pistolenduells zu beruhigen.

Die andere Rücksicht, aus der die Darstellung handelnder[3] wandelnder Gerippe verwerflich erscheint, liegt dem
10 Ziel unserer Betrachtung näher. Das Skelet nämlich an und für sich[4] ist jeder Bewegung unfähig. Ein gehendes Skelet ist wie eine gehende Uhr ohne Feder, eine arbeitende Dampfmaschine ohne Kessel und Cylinder: ein Unding.[5] Die Feder der Uhr, der Kessel und die Cylinder der Dampf-
15 maschine in dem tierischen Bewegungsapparat sind die Muskeln.

Stellen sie sich einen Zirkel vor, das Instrument aus dem Reisszeug[6] der Knaben, welches dazu dient, um einen Kreis zu schlagen. Denken Sie sich den Zirkel so weit
20 geöffnet, dass seine Schenkel[7] einen stumpfen[8] Winkel mit einander machen, d. h. dass sie fast zu einer geraden Linie gestreckt sind. Denken Sie sich den einen Schenkel mit

1. Benvenuto Cellini (1500–1570), a Florentine sculptor, musician, and engraver whose most important work was a bronze group " Perseus and Medusa." — 2. ausrufen, 'exclaim.' KARL LEBERECHT IMMERMANN, dramatist and novelist, born at Magdeburg in 1796, died at Düsseldorf in 1840. BARON MÜNCHHAUSEN, after having fought in the Russian service against the Turks in several campaigns, amused himself in·his retirement by relating extraordinary instances of his prowess as soldier ; he may be called the modern Philopseudes or Prince of Liars; he died in 1797.
3. handelnde wandelnde Gerippe, 'acting and moving skeletons.' — 4. Cf. note on 5, 13. — 5. Unding, 'impossibility.'
6. Reisszeug, 'case of mathematical instruments.' — 7. Schenkel, 'leg' of a pair of compasses or dividers. — 8. stumpfen, 'obtuse.'

der Spitze in ein Brett gestossen, so dass er darin festsitzt, wie ein Nagel in der Wand. Wir wollen ihn den festen, den anderen Schenkel den beweglichen nennen. An der äusseren und inneren Seite des beweglichen Schenkels seien dem Scharnier[1] nahe Bänder befestigt, dem festen 5 Schenkel entlang gespannt und seiner Spitze nah entweder an ihn selbst oder an das Brett befestigt, worin die Spitze steckt. Das äussere Band muss dabei natürlich, um von der äusseren Seite des beweglichen zur äusseren Seite des festen Schenkels zu gelangen, um das Scharnier des Zirkels 10 herumgehen.

Es ist klar, dass wir, durch Ziehen an einem von den Bändern, den Winkel zwischen den Schenkeln werden verändern können bis zu der Grenze, welche die elastische Dehnbarkeit des anderen Bandes gestattet. Ziehen wir an 15 dem inneren Bande, so wird der Winkel sich verkleinern, oder der Zirkel sich beugen. Ziehen wir an dem äusseren Bande, so wird der Winkel sich vergrössern, oder der Zirkel sich noch mehr strecken als er schon gestreckt war.

Lassen Sie nun, in ihrer Einbildung, an die Stelle der 20 Zirkelschenkel Knochen treten, an die Stelle des festen Schenkels z. B. den Knochen im Oberarm, an die Stelle des beweglichen Schenkels die Knochen im Vorderarm, an die Stelle des Zirkelscharniers das Ellenbogengelenk. Das Brett, in das wir den festen Schenkel gespiesst haben, 25 wird alsdann, wie Sie sehen, der Rumpf mit der Schulter, gegen die wir uns den Oberarm in unveränderter Lage festgestellt denken wollen. Die Bänder aber, mittelst deren wir den Zirkel beugten oder noch mehr streckten, stellen beziehlich die Beugemuskeln[2] und Streckmuskeln des 30 Vorderarmes vor, welche vom Schulterblatt[3] und dem

---

1. **Scharnier,** 'hinge' or 'joint' of the dividers.
2. **Beugemuskeln und Streckmuskeln,** 'muscles of contraction and extension.' — 3. **Schulterblatt,** 'scapula,' 'shoulderblade.'

Oberarmbein dem Oberarmbein entlang nach den Knochen
des Vorderarmes gespannt, dem Ellenbogengelenk nahe
daran befestigt sind, und durch deren Zug der Vorderarm
am Oberarm, wie der bewegliche Zirkelschenkel am festen,
5 hin und her bewegt wird.
Sie müssen sich aber die Muskeln nicht Bändern ähnlich
denken. Vielmehr sind es die Muskeln, die abgesehn von
der Haut und den Fettgebilden,[1] die dürren eckigen Formen
des Skelets zu den vollen weichen Umrissen des lebenden
10 Körpers abrunden, und die Schönheit wenigstens des männ-
lichen Körpers, soweit sie nicht vom Skelet bedingt wird,
wesentlich ausmachen. Die Muskeln sind umfangreiche
Stränge[2] eines elastisch weichen, feuchten, roten, faserigen[3]
Wesens, welches Ihnen aus dem alltäglichen Leben wohl-
15 bekannt ist. Denn die Muskeln sind nichts anderes als
das sogenannte Fleisch. Dabei haben Sie aber, um sich
die Beschaffenheit der Muskeln zu vergegenwärtigen,[4] natürlich an rohes, nicht an gekochtes Fleisch zu denken, welches
in Folge der Menge Eiweiss,[5] die die Muskeln enthalten,
20 beim Kochen steif und hart geworden ist und sich[6] zum
rohen Fleisch also hinsichtlich seiner Consistenz fast so
verhält, wie ein hart gekochtes Ei zu einem rohen. Der
Faden des Fleisches, mit dem das Tranchirmesser stets so
viel wie möglich einen rechten Winkel bilden soll, rührt,
25 wie man unter dem Mikroskop sieht, daher, dass die Muskeln, wie[7] die Garbe aus den Halmen, aus unzähligen
Längsfasern bestehen, die vom einen Ende des Muskels
zum anderen in gleicher Dicke unverzweigt[8] neben einander herlaufen. Diese Fasern sind im Mittel etwa fünfmal

---

1. **Fettgebilde,** 'fatty tissues,' ' adipose tissues.' — 2. **Stränge,** related
to *strand*, 'bundles.' — 3. **faserigen,** ' fibrous.' — 4. **vergegenwärtigen,**
'present to the mind.' — 5. **Eiweiss,** ' albumen.' — 6. **sich . . . fast so**
verhält, ' bears almost the same relation.' — 7. **wie . . . Halmen,** ' as
the sheaf (consists) of straws.' — 8. **unverzweigt,** ' not ramified,' here
' not interlaced,' ' parallel.'

dünner, als ein feines Frauenhaar, und gewähren bei
starken Vergrösserungen einen äusserst zierlichen Anblick,
indem sie einem Veloursband[1] ähnlich[2] der Quere nach mit
wundervoller Regelmässigkeit gerippt[3] erscheinen.

An den Knochen sind die Muskeln befestigt durch die 5
einerseits mit den Muskeln, andererseits mit der Beinhaut
verwachsenen[4] Sehnen, starken unausdehnsamen Bändern
von demselben perlartig glänzenden Aussehen, wie die
Bänder, welche die Knochen in den Gelenken zusammen-
halten. Auch die Sehnen und Bänder büssen beim Kochen 10
ihre natürliche Beschaffenheit ein. Sie quellen auf, ver-
lieren ihre Festigkeit, werden bräunlich durchsichtig und
verwandeln sich zuletzt in Leim.[5] Dies ist der Grund,
weshalb an den Gliedern der Tiere, in dem Zustande, wie
sie auf unseren Tisch kommen, jenes perlartig glänzende 15
Aussehen der Sehnen und Bänder nicht mehr erkennbar ist.

Die Sehnen an und für sich sind wie das Skelet jeder
Bewegung unfähig. Sie sind nichts als Stricke, mittelst
deren die Muskeln an den Knochen ziehen, entsprechend[6]
dem Drahte eines Klingelzuges,[7] und fälschlich glaubt man 20
die Stärke eines Armes dadurch zu rühmen, dass man sagt,
es sei ein sehniger Arm. Die sehnige Beschaffenheit ist
für den Arm in Bezug auf seine Stärke nicht schmeichel-
hafter als für ein Stück Fleisch in Bezug auf seine Geniess-
barkeit; denn die Stärke des Armes liegt nicht in den 25
Sehnen, sondern in dem Fleisch, d. h. in den Muskeln,
welche mittelst der Sehnen an den Knochen ziehen.

Wie aber eine Klingel bekanntlich nicht mehr klingelt,
wenn der Glockenzug[7] zerrissen ist, so kann freilich ein

1. **Veloursband,** 'velvet ribbon.' — 2. **der Quere nach,** 'in cross-
section.' — 3. **gerippt,** 'ribbed'; notice the consonantal change.
4. **verwachsenen,** 'coalescing.' — 5. **Leim,** 'glue.'
6. **entsprechend,** 'corresponding to.' — 7. **Klingelzug** or **Glockenzug,** 'bell rope' or 'bell wire.'

Glied nicht mehr bewegt werden, wenn die Sehnen durch-
schnitten sind, durch die der Zug der Muskeln auf das Glied
fortgepflanzt[1] wurde.   Indessen ist die althergebrachte[2]
Meinung falsch, als sei eine Verletzung der Sehnen un-
5 heilbar, und Cassio's Schrei im Othello[3]: *I am maim'd
for ever* beruht auf mangelhafter physiologischer Kenntnis.
Vielmehr scheut sich die neuere Chirurgie so wenig, Sehnen
zu durchschneiden, dass dies vielmehr das Mittel geworden
ist, jene Missbildung[4] des Fusses zu heilen, die man
10 Klumpfuss[5] nennt und die auf krankhafter Verkürzung
gewisser Sehnen am Unterschenkel beruht ; und wenn es
wahr ist, dass Lord BYRON'S Weltschmerz[6] zum grossen
Teil in seinem Unglück wurzelte, mit einem Klumpfuss
behaftet zu sein, so würde es dem Messer unseres LANGEN-
15 BECK[7] ein Leichtes gewesen sein, den mit dem Leben zer-
fallenen Dichter zu heiterer Weltanschauung[8] zu bekehren.
   Sie müssen jetzt, wenn es mir anders[9] gelungen ist, mich
Ihnen deutlich zu machen, eine Frage auf den Lippen
haben.   Der Zirkel, von dem ich vorhin sprach und der
20 uns den Arm vorstellen sollte, beugte sich freilich und
streckte sich, jedesmal dass wir beziehlich[10] an dem inneren
und dem äusseren Bande zogen, von denen das erstere die
Beugemuskeln, das andere die Streckmuskeln des Armes
bedeutete.   Aber wer zieht an den Muskeln?   Ich eile,
25 Ihrer Ungewissheit ein Ende zu machen.
   Niemand zieht an den Muskeln, die Muskeln ziehn an
sich selber, indem sie die Eigenschaft haben, sich unter

1. **fortpflanzen**, 'transmit.' — 2. **althergebracht**, 'ancient' in the
sense of 'through a long descent'; 'time-worn.' — 3. Othello, Act v,
Scene 1. — 4. **Missbildung**, 'deformity.' — 5. **Klumpfuss**, 'club-foot.'
— 6. **Weltschmerz**, 'pessimism.' — 7. Konrad Johann Martin **Langen-
beck** (1776–1851), a celebrated surgeon, physician to Emperor William I
and author of *Icones Anatomicæ*. — 8. **Weltanschauung**, 'world concept,' 'view of the world.'
   9. **anders**, 'indeed.' — 10. **beziehlich**, 'relatively.'

gewissen Umständen, von denen alsbald die Rede sein
wird, plötzlich mit sehr grosser Kraft um[1] einen beträcht-
lichen Bruchteil ihrer Länge zu verkürzen, oder zusammen-
zuziehen, so dass sie die beiden Knochenpunkte, an die
sie mittelst der Sehnen befestigt sind, einander zu nähern 5
streben. Denken Sie sich wir hätten, anstatt an einem von den
Bändern an unserem Zirkel zu ziehen, dies Band in Querfalten[2] gelegt, so dass es dadurch verkürzt worden wäre,
wie ein Kleid durch eine Aufnaht[3] verkürzt wird. Augen- 10
scheinlich hätte dies dieselbe Wirkung hervorgebracht, als
ob wir frei an dem Bande gezogen hätten ; der Zirkel
würde sich gebeugt oder gestreckt haben, je nachdem wir
das innere oder das äussere Band mit einer Aufnaht versehen hätten. 15
Die Muskeln nun legen sich bei der Zusammenziehung
zwar nicht in Querfalten, aber sie schwellen auf, ohne dabei
an[4] Rauminhalt zuzunehmen, wodurch gleichfalls eine Verkürzung zu Stande kommt. Nämlich eine jede der unzähligen Längsfasern,[5] die den Muskel wie die Halme die 20
Garbe zusammensetzen, verkürzt sich bei der Zusammenziehung und wird in demselben Maasse dicker, wobei die
Querstreifen, womit die Fasern einem Veloursband ähnlich
bedeckt sind, einander näher rücken. Stellen Sie sich
einen Bleistift und eine Nadelbüchse von gleichem Raum- 25
inhalt vor ; so entspricht der Bleistift der Muskelfaser im
Zustande der Ruhe, wo sie lang und dünn ist, die Nadelbüchse derselben Faser im Zustande der Thätigkeit, wo sie
kurz und dick wird. Das Wasser in einem Goldfischbecken
verändert daher seinen Stand an den Wänden des Gefässes 30

1. **um** . . . **Bruchteil,** 'by a considerable' or 'fractional part.'
2. **Querfalten,** 'transverse folds.' — 3. **Aufnaht,** 'pleat.'
4. **an Rauminhalt,** 'in volume.' — 5. **Längsfasern,** 'longitudinal
fibers.'

bei ruhigem Umherschwimmen der Fische nicht, wie es
der Fall sein würde, wenn der Rauminhalt der Muskeln bei
ihrer Zusammenziehung nicht derselbe bliebe.   Die durch
das Dickerwerden aller Fasern bedingte Anschwellung der
5 Muskeln wird unter der Haut sichtbar; und da sich die
dickste Stelle des Muskels bei der Bewegung, die er erzeugt,
unter der Haut verschiebt, so sind die ersten Beobachter
dadurch an den Anblick einer Maus erinnert worden, die
unter einem Teppich hin- und herschlüpft, daher der Name
10 Muskel, von *musculus*, lateinisch 'Mäuslein,' wie die älteren
deutschen Anatomen sagten.[1]
   Der verkürzte und verdickte Zustand der Muskeln hält
so lange an, als die[2] sogleich zu besprechenden Umstände
dauern, welche die Muskeln zur Zusammenziehung ver-
15 anlassen.   So bald der Reiz[3] aufhört (so pflegt man den
jedesmaligen Umstand zu bezeichnen, dessen Folge die
Zusammenziehung ist), nehmen die Muskeln ihre frühere
Gestalt gemächlich[4] wieder an.   Die kurze dicke Nadelbüchse, der jede einzelne Muskelfaser während der Zu-
20 sammenziehung glich, verwandelt sich wieder in den langen
dünnen Bleistift, der uns die Faser im ruhigen Zustande
bedeutet; die Muskeln erschlaffen, wie das in Querfalten
gelegte Band am Zirkel, wenn wir die Falten loslassen, der
Zirkel aber die Stellung behält, die er erhielt, als wir das
25 Band in die Falten legten.
   War also der Reiz nur augenblicklich, so ist auch die
Zusammenziehung nur von augenblicklicher Dauer, eine
blosse Zuckung[5]; hält der Reiz längere Zeit an, so bleiben

1. See also *Century Dictionary*.
2. **die . . . Umstände**, 'the conditions which will be discussed imme-
diately.' — 3. **Reiz**, 'stimulus.' — 4. **gemächlich**, 'leisurely'; from
Gemach, signifying a place of comfort, ease, or rest.
5. **Zuckung**, 'twitching,' notice the onomatopoeia (formation of
words in imitation of sounds).

auch die Muskeln dauernd verkürzt, so dass sie im Stande sind, eine bestimmte Lage der Gliedmassen einer stetig wirkenden Kraft entgegen zu behaupten, z. B. ein Gewicht zu tragen. Was denn nun endlich die Umstände sind, die die Mus- 5 keln in Zusammenziehung versetzen? Die Frage ist nicht glücklich gestellt, sie würde besser heissen, was versetzt die Muskeln nicht in Zusammenziehung.

Sind die Muskeln eines frischgeschlachteten Tieres blosgelegt, und es trifft sie irgend ein Einfluss, der ihren phy- 10 sischen Zustand irgend wie verändert, so sieht man sie blitzschnell zusammenfahren, wie einen Menschen, der vor einem plötzlichen Geräusch erschrickt. Auf jede mechanische Verletzung, jeden Stich, jeden Schnitt, jedes Kneifen antwortet die frische Fleischfaser mit einer 15 Zuckung. Dasselbe bewirken Wärme und Kälte, Eintauchen in sehr heisses oder sehr kaltes Wasser, Berührung mit einem Glüheisen oder einem Stücke Eis; so auch jede Versehrung[1] der Muskeln mittelst eines chemisch wirkenden Stoffes, eines sogenannten Ätzmittels,[2] als Vitriolöl, einer 20 scharfen Lauge, Höllenstein[3]; endlich der elektrische Schlag.

Stossen Sie sich nicht an dieser Aufzählung scheinbarer Martern. Die Bewegungen der Muskeln, von denen ich spreche, haben nicht das geringste Willkürliche an sich. Es ist dabei von Schmerzempfindung und Bezeugung, von 25 krampfhaftem Sträuben eines gequälten Geschöpfes nicht die Rede. Das Tier ist längst bewusstlos, längst abgethan und tot, und jene Wirkungen geben sich nicht minder zu erkennen, wenn auch die Muskeln vollständig vom übrigen Körper des Tieres getrennt sind. Diese Wirkungen sind viel- 30 mehr der Ausdruck einer rein physikalischen Eigenschaft,

---

1. **Versehrung**, 'injury,' from *versehren*, 'cause pain.' — 2. **Ätzmittel**, 'corrosive.' — 3. **Höllenstein**, 'nitrate of silver.'

welche den Muskeln während des Lebens zukommt und
die Trennung der Muskeln von der übrigen tierischen
Maschine, oder auch deren Zerstörung, den Tod, je nach
der Natur des Tieres mehr oder weniger überdauert; einige
5 Stunden bei warmblütigen Tieren, Vögeln und Säugern,[1]
einige Tage, ja eine Woche bei kaltblütigen Tieren, Am-
phibien und Fischen; am längsten bei Schildkröten, Sala-
mandern und Fröschen.

Sie begreifen nun wohl, weshalb Sie so häufig von den
10 Fröschen, einem so gemeinen und scheinbar so wenig inter-
essanten Geschöpf, als dem Gegenstand immer wiederholter
langjähriger Forschungen der Physiologen reden hören.
Diese Forschungen gelten[2] nicht dem Frosch als Frosch;
der Frosch als Frosch liegt dem Physiologen so wenig am
15 Herzen wie Ihnen; sondern dies Tier ist darum seit bald
zwei Jahrhunderten zum Märtyrer der Wissenschaft erkoren,
an dem fast alle grossen Entdeckungen der Physiologie
gemacht sind, weil er, neben anderen unschätzbaren Eigenschaften, diejenige im höchsten Grade besitzt, dass seine
20 einzelnen Glieder den Tod oder die Trennung vom übrigen
Körper einige Zeit lang überleben. Sie empfinden zwar
nicht mehr und bewegen sich nicht mehr von selbst, aber
sie können auf die angegebene[3] Art noch zur Bewegung
angeregt werden. Ein solches Überleben aber eines Teiles
25 des Organismus über die Trennung vom Gesammtorganismus[4] darf Sie nicht Wunder nehmen. So ist es Ihnen ja[5]
wohl schon begegnet, an einem gleichwohl unrettbar hin-
welkenden Cotillonbouquet, das Sie in ein Glas Wasser
setzten, eine Knospe über Nacht sich noch zur Blume ent-
30 falten zu sehen.

1. **Säuger,** 'mammals'; cf. *saugen*, 'suck.'
2. **gelten nicht,** 'are not intended for.' — 3. **angegeben,** 'aforesaid.'
— 4. **Gesammtorganismus,** 'organism as a whole.' — 5. **ja wohl,**
'surely' or 'I should think.'

Das für[1] sich jeder Bewegung unfähige Skelet hätten wir
also jetzt mit bewegenden Kräften ausgestattet, in die Uhr
die Feder gebracht. Zwischen je zwei Knochenpunkten
des Skelets, die einander, behufs der Gestaltveränderung
des Körpers, genähert werden sollen, sind Stränge aus- 5
gespannt, die sich auf die leiseste Veranlassung mit Heftigkeit zu verkürzen streben.

Uns auf die Beschreibung der einzelnen Muskeln des
menschlichen Körpers einzulassen, davon kann hier nicht
die Rede sein. Diese Beschreibung macht für sich eine 10
ganze kleine Wissenschaft aus, die Myologie, da z. B. allein
am Arm 49,[2] am Bein 61 Muskeln von den Anatomen
unterschieden werden. Es genüge daher die Bemerkung,
dass die Muskeln von dem Orte, wo sich ihre bewegende
Kraft äussert, oft ziemlich weit entlegen sind, indem sie 15
durch lange Sehnen, gleich Klingelzügen, auf die zu bewegenden Knochen wirken. Also z. B. die Finger an und
für sich sind jeder Bewegung unfähig; denn sie bestehen
aus Knochen, Bändern, Sehnen, Fett und Haut; Muskeln
enthalten sie nicht. Die Sehnen aber laufen längs der 20
Hand und dem Handgelenk zum Vorderarm, wo die zugehörigen Muskeln liegen, die man bei Bewegung der
Finger daselbst anschwellen fühlt. So dass die Kraft des
Händedrucks, wie die äusserste Fingerfertigkeit[3] des Vir-
tuosen, der auf den Tasten zwischen Misklang und Har- 25
monie den unbegreiflichen Eiertanz[4] tanzt, ihren Sitz nicht
in der Hand, nicht in den Fingern haben, sondern in dem
Vorderarm.

1. **für sich,** 'in itself.'
2. According to Dr. Thane the numbers should be 59 and 54;
Testut, the most recent French authority, gives 49 and 52, and he
counts the quadriceps femoris as 4 muscles. — 3. **Fingerfertigkeit,**
'technique.' — 4. **Eiertanz tanzt,** as when one dances between eggs
placed on the floor, with such skill that none are broken; compare the
Schwerttanz of the old Germans.

Abermals habe ich jetzt einer Frage Ihrerseits zuvorzu-
kommen.[1] Ich habe gesagt, dass alle möglichen Einflüsse,
die den Muskel verändernd treffen, ihn zur Zusammenziehung reizen. Aber woher kommen im Körper diese
5 Einflüsse?. Was ist da, um bald diesen bald jenen Muskel
zu stechen, zu schneiden, zu kneifen, zu verbrennen, zu
erkälten, anzuätzen, zu elektrisieren, damit er sich, der zu
vollführenden Bewegung gemäss, im rechten Augenblick
zusammenziehe? Die Muskeln sind das Ross, der Reiter
10 die Seele ; wo sind die Sporen, die das Ross zum Sprung,
die Muskeln zur Verkürzung stacheln?
Um diese Frage zu beantworten, ist es nötig, etwas weiter
auszuholen.

Der Sitz des Bewusstseins, der Empfindung, des Willens
15 ist einzig und allein das Gehirn, ein ausgedehntes, höchst
verwickeltes Organ, welches die Höhle des Schädels aus-
füllt. Ohne wachendes, oder wenigstens träumendes Gehirn
ist auf der Welt kein Bewusstsein denkbar, und fälschlich
redet man vom Herzen und der Brust als dem Tummel-
20 platz[2] der menschlichen Gefühle.
Das Herz ist vielmehr, wie hier beiläufig gesagt werden
mag, ein sehr prosaisches Organ, nichts weiter als ein muskulöser, d. h. der Zusammenziehung fähiger Sack, der als
Pumpwerk unaufhörlich das Blut durch alle Teile des
25 Körpers treibt, um sie mit Lebensluft, die das Blut in den
Lungen aufnahm, und mit Nahrung zu versehen, wie auch
die unbrauchbar gewordenen Stoffe abzuführen ; und die
Ansprache, die des Helden edler Geist hoch auf dem
alten Turme an das Menschenschifflein richtet :

1. zuvorkommen, 'anticipate.'
2. Tummelplatz, 'place of action.'

Sieh, diese Senne[1] war so stark,
Dies Herz so fest und wild,
Die Knochen voll von Rittermark,
Der Becher angefüllt[2] —

enthält daher fast in jedem Vers eine physiologische Un- 5
wahrheit. Doch begegnet es auch dem Physiologen zu-
weilen, schnell die Hand zum Herzen zu drücken. Denn,
wie die Mannschaft an den Pumpen eines dem Sinken
nahen Schiffes nun mit freudig erneutem Schwunge an den
Kolben[3] wirkt, wenn vom Verdeck her der Jubelruf ertönt: 10
Land, Land in Sicht! — nun wieder gelähmt die Arme
sinken lässt, wenn ein Schrei der Verzweiflung von oben
ihr anzeigt, dass die Rettung nur Trug gewesen, so be-
gleitet auch das Herz, das arme Herz, mit zärtlicher Sym-
patie alle Stürme unseres Gemüts ; und wenn es endlich 15
verzagend stillsteht, dann brechen auch gleich die Wogen
des Todesmeers über dem rettungslos versinkenden Lebens-
fahrzeug zusammen. So lässt sich die von UHLAND in
einem unvergänglichen Liede gefeierte poetische Bedeutung
des Herzens also auch vom physiologischen Standpunkt aus 20
noch wiederherstellen.

Wenn nun blos das Gehirn der Sitz des Willens und der
Empfindung ist, so sehen Sie, müssen sowohl die Sinnesorgane, welche dem Gehirn die Eindrücke der Aussenwelt
kundthun sollen, als auch die Muskeln, welche vom Gehirn 25
aus zur Zusammenziehung angeregt werden sollen, mit dem
Gehirn auf irgend eine Art in Verbindung gesetzt sein.
Dies geschieht durch die Nerven.

Die Nerven sind nicht, wie durch einen fehlerhaften
Sprachgebrauch verleitet viele glauben, ein krankhafter 30
Zustand, ein unfassbares Leiden schwächlicher Personen.
Vielmehr sind sie wirkliche Organe, die in dem tierischen

1. **Senne**, archaic and poetic for *Sehne*. — 2. From Ludwig Uhland's
Castellan von Coucy. — 3. **Kolben**, 'piston rod' of a pump.

Körper gleichsam als Kanäle der Empfindung und Bewegung
die wichtigste Rolle spielen, daher auch die Pflanzen keine
Nerven haben, selbst[1] nicht die Eingangs erwähnten, die
mit einem Schein von Bewegungsfähigkeit begabt sind.
5 Die Nerven sind elastisch weiche, feuchte, gelblich weisse
Fäden, die dicksten im menschlichen Körper reichlich wie
eine Zuckerschnur[2] dick. Wie ein Baum seine Wurzeln in
das Erdreich ausbreitet, so verzweigen sich vom Gehirn und
von der im Rückgrat[3] gelegenen Fortsetzung des Gehirns
10 aus, die man Rückenmark nennt, die Nerven nach allen
Punkten des Körpers hin.

Doch ist diese Verzweigung nur scheinbar. Das Mikroskop lehrt nämlich, dass die Nerven aus lauter glashellen
Fäden bestehen, die etwa zwanzigmal dünner sind als ein
15 Frauenhaar, und in einer häutigen Scheide[4] wellig einge-
bettet liegen, gleich den Haaren einer Strähne[5] einer
aufgegangenen Flechte. Wo die Scheide dünn genug ist,
um durchscheinend zu sein, schimmern daher die Nerven
moiréartig[6] wegen der welligen Lagerung der Elementar-
20 fäden.[7] Diese Elementarfäden nun gehen, ohne sich zu
verzweigen, oder untereinander in Verbindung zu treten, in
gleicher Dicke vom Gehirn bis zu dem Punkte des Körpers
hin, wo sie enden sollen, und die Verzweigung der Nerven
beruht also nur darauf, dass mehrere solche Elementarfäden
25 sich zu einem Bündel,[8] mehrere Bündel zu einem Strange
sammeln und so fort, bis endlich die erwähnten zucker-
schnurdicken Stämme zu Stande kommen.

---

1. selbst . . . erwähnten, 'not even those named in the intro
duction.' — 2. Zuckerschnur, a piece of strong twine such as holds
the paper about an old-fashioned sugar-loaf. — 3. Rückgrat, 'spinal
column.'

4. Scheide, 'sheath'; notice the consonantal change. — 5. Strähne,
'lock of hair,' similar to 'strand.' — 6. moiréartig, 'wavy in appearance.'
— 7. Elementarfäden, 'filament.' — 8. Bündel, 'fasciculus.'

Die Elementarfäden nehmen einen doppelten, wesentlich verschiedenen Verlauf, je nachdem sie zur Bewegung oder zur Empfindung dienen sollen. Es sind nämlich die einen zwischen den Sinneswerkzeugen,[1] wozu auch die Haut gehört, und dem Gehirn angebracht; dies sind die Empfin- 5 dungsfäden.[2] Die anderen zwischen dem Gehirn und den Muskeln ; dies sind die Bewegungsfäden.[3] Denken Sie sich, einer Schnitterin[4] sei einer ihrer langen Zöpfe aufgegangen, und sie hätte, während ein Bursche sie neckte, den Zopf in eine Garbe mit hineingebunden; so haben Sie ein 10 Bild davon wie ein Bündel von Bewegungsfäden sich in einen Muskel versenkt ; die Haare der Flechte sind die Elementarfäden der Nerven, die Halme der Garbe sind, wie Sie sich entsinnen, die dickeren Längsfasern des Muskels.

Was von Farben und Formen je Ihr Auge entzückte; von 15 gewaltig rührenden Tönen Ihr Ohr beseligte ; von Duft und Wohlgeschmack Ihrem Gaumen schmeichelte ; was, aus der Skale der Empfindungen, vom grimmigsten Schmerz durch das stille Behagen hindurch bis zum Taumel[5] sprachloser Lust Ihren Sinn traf: es nahm seinen Weg durch diese 20 unscheinbaren gelben Fäden, die Nerven. Stellen Sie sich einen Menschen vor, begriffen in irgend welcher Thätigkeit, was Ihnen gerade beifällt; den stumpfen Taglöhner, der vor Ihrer Thür Holz hackt ; eine holde Gestalt, die mit glänzendem Blick sich im Tanze regt ; oder den finsteren 25 Welteroberer, der Geschwader[6] auf Geschwader in den Kartätschenhagel[7] winkt: der Weg des Willens vom Gehirn zu den Gliedern dieses Menschen führt abermals durch

1. Sinneswerkzeuge, 'organs of sensation.' — 2. Empfindungsfäden, 'sensory nerves.' — 3. Bewegungsfäden, 'motor nerves.' — 4. Schnitterin, 'woman employed in harvesting.' 5. Taumel . . . Lust, 'ecstasy of indescribable pleasure.' — 6. Geschwader, from Italian *squadra*, 'squadron (of cavalry).' — 7. Kartätschenhagel, 'hail of canister-shot.'

diese unscheinbaren gelben Fäden, die Nerven. Man geht,
eine Gasfabrik oder eine Zuckerraffinerie zu besichtigen;
Sie werden gestehen, dass diese unscheinbaren gelben
Fäden, die Nerven, es[1] wohl auch um uns verdient haben,
5 dass wir ihnen ausnahmsweise einmal einen Blick der
Betrachtung gönnen.

Ich habe vorhin die Elementarfäden, die vom Gehirn
nach den Muskeln laufen, Bewegungsfäden genannt. Hüten
Sie sich aber vor dem Missverständnis, als könnten sich
10 diese Fäden, gleich den Muskeln, von selbst bewegen. Die
Nerven an und für sich sind jeder Bewegung unfähig, wie
alle übrigen Teile des Körpers mit Ausnahme der Muskeln.
Es ist daher nicht minder falsch, wenn man von einem
starken Arme sagt, es sei ein n e r v i g e r[2] Arm, als wenn
15 man den Arm s e h n i g[3] nennt; das einzige richtige Bei-
wort, um die Stärke des Armes zu bezeichnen, ist ein
muskulöser, ein muskelkräftiger Arm. Eben so irrig ist es,
von Zittern und Beben der Nerven, von Nervenkrämpfen
und Zuckungen zu reden. Auch jene regellosen unwillkür-
20 lichen Bewegungen, die man Krämpfe und Zuckungen nennt,
sind das Werk zunächst der Muskeln allein, die nur in
diesem Fall von den Nerven mangelhaft beherrscht werden.
Denn hören Sie, was die Nerven, obschon sie selbst sich
äusserlich, ich wiederhole es, stets ganz ruhig verhalten,
25 doch zur Bewegung vermögen.

Sie wissen bereits, was sich zuträgt, wenn wir einen vom
Körper eines frischgeschlachteten Tieres getrennten Muskel
auf irgend eine Art misshandeln. Der Muskel verkürzt sich
plötzlich mit Heftigkeit, um, sobald der Reiz nachlässt,
30 wieder zu erschlaffen.

Jetzt lassen wir aber an dem Muskel einen Nerven
hängen, der Bewegungsfäden zu dem Muskel abgiebt.

1. es . . . dass, 'have well deserved, that.'
2. nervig, 'supplied with nerves.' — 3. sehnig, 'sinewy.'

Unsere Schnitterin von vorhin hat also, wenn Sie wollen, das Unglück gehabt, mit der Sichel ihren Zopf abzuschneiden, so dass er in der Garbe hängen geblieben ist. Sie können sich den Nerven, als aus dem Hinterbein eines Elephanten entnommen, mehrere Ellen lang vorstellen. 5
Wird irgend ein Punkt der Länge dieses Nerven von irgend welchem Einfluss betroffen, der seinen physischen Zustand irgend wie verändert, wird er gestochen, geschnitten, gequetscht, gebrannt, erkältet, angeätzt, elektrisiert, so bleibt zwar der Nerv ganz ruhig liegen und äusserlich unverändert, 10 aber der von der gereizten Stelle mehrere Ellen weit entfernte Muskel, in den sich der Nerv verbreitet, zuckt in dem Augenblick, wo der Nerv gereizt wird, gerade als ob wir den Muskel selbst gereizt hätten.
Dabei muss jedoch eine Bedingung erfüllt sein. Es muss 15 nämlich der Nerv zwischen dem gereizten Punkt und dem Muskel unversehrt sein. Ist er zerschnitten, gequetscht, verbrannt, so bleibt Alles in Ruhe, auch wenn die Schnittflächen des zerschnittenen Nerven möglichst genau wieder aneinandergefügt sind. 20
Es ist also klar, es muss sich von der gereizten Stelle des Nerven aus etwas zum Muskel hin mit grosser Geschwindigkeit begeben, zu dessen ungehemmtem Fortschreiten der natürliche Zusammenhang des Nerven unerlässlich ist, und wodurch der Muskel zur Verkürzung bewegt wird. Worin 25 kann dies Etwas bestehen?
Stellen Sie sich ein langes eisernes Gitter vor, etwa das, was auf dem Leipziger Platz dem Trottoir zu beiden Seiten des Fahrdammes [1] entlang läuft, und an beide Enden des Gitters, also am Potsdamer Thor und z. B. dem Prill- 30 witz'schen Hause, hätten zwei Menschen das Ohr angelegt.

1. **Fahrdamm**, the middle of the street, which is used for driving, *zum Fahren*, as distinguished from the *Trottoir*, which is used for walking, *zum Gehen*.

Kratzt man an irgend einer Stelle des Gitters mit einer
Stecknadel, so wird das Kratzen von beiden Lauschern
deutlich vernommen. Natürlich darf man zu diesem Versuch nicht gerade die Zeit wählen, wo der Magdeburger Zug
5 eben angekommen ist. Das Gitter ist dabei scheinbar ganz
unverrückt geblieben. Nichtsdestoweniger ist es gewiss,
dass eine heftige Bewegung seiner kleinsten Teile, die
Schallschwingung,[1] von dem mit der Nadel erschütterten
Punkte nach beiden Seiten bis zu den Ohren der Lauscher
10 hin sich mit grosser Geschwindigkeit fortgepflanzt habe.
Ist an einer Stelle der feste Zusammenhang des Metalls
unterbrochen, so geht die Schallleitung[2] durch die unganze
Stelle nicht mehr vor sich, die Schwingung erlahmt daselbst wie in einer gesprungenen Glocke, einem geborstenen
15 Glase.
Sie sehen aus diesem Beispiele, dem[3] sich leicht mehrere
anreihen liessen, dass eine innere Bewegung, die sich
zwischen den kleinsten Teilen eines Körpers fortpflanzt,
ohne dass äusserlich das Geringste davon sichtbar wird,
20 und zu deren ungehemmter Verbreitung eine bestimmte Art
des Zusammenhangs des Körpers gehört, in der übrigen
Natur nicht so ganz unerhört ist. Unter dem Bilde der
Schallschwingung also, oder einer heftigen Bewegung der
kleinsten Teile, mögen Sie sich einstweilen auch das Etwas
25 vorstellen, das sich im Nerven von der gereizten Stelle zu
dem Muskel begiebt, und ihn zur Zusammenziehung veranlasst; wovon äusserlich nichts bemerkbar wird und zu
dessen ungehemmter Fortpflanzung der natürliche Zusammenhang des Nerven gehört.
30 Wie aber soll wohl, werden Sie nun mit Recht fragen,
die unendlich zarte Bewegung in den Nerven, der das

1. **Schallschwingung,** 'sound vibration.' — 2. **Schallleitung,** 'transmission of sound.'
3. **dem . . . liessen,** 'to which others might easily be added.'

leiseste Hemmnis Einhalt[1] thut, in den Muskeln eine Kraft-
anstrengung bewirken, welche Zentnergewichte versetzt?
Sonst entsteht doch niemals Kraft aus nichts, so wenig als
Materie aus nichts entsteht; Ursache und Wirkung sind
immer gleichwertig; Ihre Uhr giebt in den vierundzwanzig 5
Stunden, während sie abläuft, genau die Kraft wieder aus,
die Sie zum Aufziehen der Feder verwenden mussten.
Wenn die Maultiertreiber im Frühjahr durch die schnee-
behangenen Pässe[2] des Gotthard ziehen, nehmen sie ihren
Tieren die Geläute ab. Kreuze am Wege bezeichnen die 10
Stätte, wo eine Lawine das Leichentuch der Unglücklichen
ward, die dieser Vorsicht vergassen. Die unmerkliche
Erschütterung der Luft, die sich von der Maultierschelle
bis zu den schwebenden Schneemassen fortpflanzte, war
also scheinbar im Stande, Berge von Eis und Schnee mit 15
Sturmeseile thalwärts zu schleudern. Aber in diesem Falle
durchschauen Sie leicht den wahren Sachverhalt. Jene
Massen lagen, wie man zu sagen pflegt, auf[3] der Kippe;
ein[4] noch so leiser Anstoss und sie büssten[5] das Gleichgewicht ein. Nicht die Schallschwingung der Luft war es, 20
die sie zu Thal riss, sondern ihre eigene Schwere, oder die
Ziehkraft der Erde.
So, nun haben Sie sich auch zu denken, dass die kleinsten
Teile der Muskeln in der Ruhe fortwährend auf der Kippe
sich befinden, so dass die unendlich zarte Bewegung, welche 25
die Nerven herab sich in die Muskeln fortpflanzt, hinreicht,
um das Gleichgewicht zu stören und innere Ziehkräfte
freizugeben oder, wie man es in der Mechanik nennt, aus-
zulösen,[6] die auf die Verkürzung des Muskels gerichtet sind.

1. **Einhalt thut,** 'stops.'
2. **Pässe des Gotthard,** passes of the St. Gothard in Switzerland. —
3. **auf der Kippe,** 'on a balance.' — 4. **ein . . . Anstoss,** 'an impulse
however slight.' — 5. **einbüssen,** 'lose.'
6. **auslösen,** 'release.'

Gewiss thue ich etwas Überflüssiges, wenn ich jetzt erst noch ausführe, was Sie längst errathen haben, dass nämlich auch bei der willkürlichen Bewegung der Vorgang in den Nerven und Muskeln ganz der nämliche ist wie bei der
5 künstlichen Erregung blosgelegter Nerven, von der bisher die Rede war. Nur dass der erste Anstoss zur Bewegung jetzt nicht von unseren Werkzeugen, Messer und Zängelchen,[1] Glüheisen u. s. w. ausgeht, sondern im Gehirne selbst seinen geheimnisvollen Ursprung nimmt. Die Frage nach
10 diesem Ursprung aber greift über in ein Gebiet, wo den Meinungen jedes Einzelnen noch zu[2] viel Spielraum gelassen ist, als dass ich es wagen dürfte mich Ihnen als Führer darin anzubieten. Ich überlasse es Ihrem Belieben, ob Sie sich vorstellen wollen, dass Ihre immaterielle Seele
15 unmittelbar mit den Endigungen der Bewegungsfäden im Gehirn im Verkehr steht, oder ob Sie nicht vorziehen wollen sich zu denken, dass mit dem geistigen Act des Wollens nothwendig schon eine Bewegung im Gehirn verknüpft sei, welche die Bewegung längs den Nerven einleitet,
20 wodurch die Muskeln zur Verkürzung veranlasst werden.

Also durch eine schnell[3] die Bahn der Bewegungsfäden herabkommende innere Erschütterung spornt die Seele, der Reiter,[4] ihr Ross, die Muskeln, zum Sprunge, zur Zusammenziehung an, und diese Frage wäre vorläufig als
25 erledigt zu betrachten. Steigt dieselbe innere Erschütterung, gleichviel ob künstlich erregt oder auf natürlichem Wege durch Eindrücke der Aussenwelt vermittelt, die Bahn der Empfindungsfäden von den Sinneswerkzeugen zum Gehirn hinauf, so entsteht zwar diesmal keine äusserlich sichtbare

---

1. **Zängelchen,** 'pliers.' — 2. **zu viel . . . als dass,** 'so much . . . that,' to be followed by a negative.

3. **schnell . . . Erschütterung,** 'rapid inner excitation moving along the motor nerves.' — 4. **der Reiter,** nominative, is in apposition to *die Seele;* **die Muskeln,** accusative, is in apposition to *ihr Ross.*

Bewegung, dafür aber innerlich wahrnehmbare Empfindung, die Zauberwelt der Sinne thut sich auf.

Es würde uns vom Ziel unserer Betrachtung zu weit ablenken, wollte ich näher eingehen auf die von dem grossen Berliner Physiologen JOHANNES MÜLLER[1] so tief- 5 sinnig ausgearbeitete Mechanik der Empfindungen. Ich kann jedoch nicht umhin, Ihnen im Vorübergehen das ziemlich allgemein verbreitete Vorurteil zu nehmen, als hätten Sie Gefühl in ihren Fingerspitzen. So musste ich Sie schon vorhin um eine andere Überzeugung ärmer machen, als 10 könnten Sie Ihre Finger selbst bewegen. Ihre Finger an sich sind ganz gefühllos, wie sie ganz bewegungslos sind.

Aber, sagen Sie, wenn ich mich mit der Nähnadel steche, so wird mir doch Niemand ausreden, dass mir der Finger weh thut. Vielleicht doch; denn wollen Sie wissen was 15 geschehen ist? Die böse Spitze hat ein Zweigelchen,[2] eine letzte Wurzelfaser der unzähligen Empfindungsnerven zerrissen, die die Haut Ihres Fingers nach allen Richtungen durchsetzen,[3] wie die Gänge[4] eines edlen Metalls ein reiches Gestein. Von dem zerrissenen Zweigelchen nun ist die 20 Nervenschwingung, ein geflügelter Bote, spornstreichs zum Gehirn hinaufgeeilt und hat Ihrer Seele das Leid Ihres Fingers geklagt. Die Schwingung des Fingernerven oben im Gehirn thut Ihnen weh, nicht der Finger selbst. Trifft daher die Verletzung ein taubes Gestein, ein nervenloses 25 Gebilde Ihres Körpers, wie Nägel oder Haare, so ist das Ihrer Seele so gleichgültig, wie der Nagelstich dem Fingerhut, und haben Sie vielleicht das Unglück gehabt mit der Hand in Glas zu fallen und sich die Empfindungsfäden des

1. Johannes Müller (1801-1858), Professor of Medicine, University of Berlin; the work referred to is *Über die Structur und Eigenschaften der tierischen Bestandteile,* 1836.
2. Zweigelchen, 'little branch,' a double diminutive. — 3. durchsetzen, 'permeate.' — 4. Gänge, 'veins.'

Fingers zu zerschneiden, so dass der Nervenschwingung
der Weg zum Gehirn abgeschnitten ist, so ist Ihr Finger
zeitweise auch in ein taubes Gestein verwandelt, er ist taub
und unempfindlich geworden, wie der Nagel daran.
5 Übrigens sind Sie zu entschuldigen, wenn Sie glauben,
der Finger selbst schmerze Sie. Denn so sehr hat das
Gehirn die Gewohnheit, den Grund der Empfindungen, die
ein bestimmter Empfindungsfaden ihm zuträgt, an das
äusserste Ende dieses Fadens in der Haut zu verlegen, dass
10 wenn Sie sich am Ellenbogen den schlechtgeschützten [1]
Nerven stossen, der die Kleinfingerseite der Hand mit
Empfindungsfäden versieht, Sie in jener Gegend der Hand
das Gefühl zahlreich aufblitzender Nadelstiche haben ; und
dass der greise Krieger, dem im Freiheitskampf eine
15 Kanonenkugel den Arm fortriss, die Schmerzen, die er bei
Witterungswechseln in den vernarbten Nervenstümpfen
empfindet, noch immer in [2] der seit mehr denn einem
Menschenalter auf dem Felde der Ehre bestatteten Hand
zu fühlen meint.
20   Auch ist es eine Täuschung, wenn Sie glauben, den
Nähnadelstich augenblicklich zu empfinden. Während der
Schmerz von der verletzten Stelle Ihres Fingers zum Gehirn
hinaufkriecht, verfliesst eine lange lange Zeit. Während
dieser Zeit ist das Licht viele hundert Meilen durch den
25 Weltraum gereist, der Blitz hat den Luftkreis von Berlin
nach Leipzig durchzückt, der Schall selbst das eiserne
Gitter vom Potsdamer Thor bis zum Prillwitz'schen Hause
durchzittert. HELMHOLTZ [3] in Königsberg hat kürzlich

---

1. **schlechtgeschützt,** 'poorly protected.'— 2. **in ... Hand,** 'in the hand
which was buried on the field of honor more than a generation before.'
    3. Hermann Ludwig Ferdinand **Helmholtz** (1821-1894), Professor of
Physics in the University of Berlin.   The experiment here referred to is
in *Über die Fortpflanzungsgeschwindigkeit der Nervenreizung* (Bericht
der Berliner Academie: 1850).

gezeigt, dass, wenn eine Harpune dem Walfisch die
Schwanzfinne durchbohrt, fast die Zeit eines Pulsschlages
vergeht, bis der Schmerz auf der Bahn der Empfindungsfäden das Gehirn des ungeheuren Tieres erreicht und der
Bote des Willens auf der Bahn der Bewegungsfäden zurück 5
ist, der dem Schweif zu schlagen befiehlt.
Doch ich eile zum Schluss.

Sehen Sie nun wohl die Seele im Gehirn, als der einzig
empfindlich bewussten Provinz des Körpers sitzen, und den
ganzen übrigen Körper als eine tote Maschine in ihrer 10
Hand? So pulsiert, in dem sonst bis zur[1] Verödung
zentralisierten Frankreich, nur in Paris das Leben der
grossen Nation. Aber Frankreich ist nicht der richtige
Vergleichspunkt, Frankreich wartet noch auf seinen WERNER
SIEMENS[2] um es mit einem Telegraphennetz zu überspinnen. 15
Denn wie die Centralstation der elektrischen Telegraphen
im Postgebäude in der Königsstrasse durch das riesenhafte
Spinngewebe ihrer Kupferdrähte mit den äussersten Grenzen
der Monarchie in Verkehr steht, so empfängt auch die
Seele in ihrem Bureau, dem Gehirn, durch ihre Telegraphen- 20
drähte, die Nerven, unaufhörlich Depeschen von allen
Grenzen ihres Reiches, des Körpers, und teilt nach allen
Richtungen Befehle an ihre Beamten, die Muskeln, aus.
Wer sieht es dem gleichgültig stummen, langweilig dahin-
gespannten Draht an, ob eine Siegesnachricht, ein Börsen- 25
cours,[3] oder eine Post unauslöschlicher Schmach ihm mit

---

1. zur ... zentralisierten, 'centralized to devastation.' — 2. Ernst
Werner Siemens (1816–1892), celebrated for his electrical discoveries
and improvements in multi-telegraphy.
3. **Börsencours,** 'stock-quotation.'

Blitzeseile entlang zittert? So[1] äusserlich stets sich selber
gleich, ob auch der Sturm im Inneren tobt, überbringen
die Nerven ihre tausendfach wechselnde Botschaft, sei's
von den Sinneswerkzeugen zum Gehirn, sei's vom Gehirn
5 rückwärts zu den Gliedern in die Welt hinaus. Und wie
das Gehirn nicht zu unterscheiden vermag, von welchem
Punkte der Länge eines bestimmten Empfindungsfadens
ihm die Schmerzensbotschaft zukam, wie es den Stoss am
Ellenbogen in der Hand empfindet; so bleibt auch dem
10 Telegraphisten, wenn sie sich nicht nennt, die Station unbe-
kannt, welche die Depesche aufgab. Ist aber irgendwo der
Draht zerstört, so mag der Aufruhr toben, der Eisgang[2]
drohen, die Verwaltung bleibt unbenachrichtigt. So lässt
ein Mensch, dem die Empfindungsnerven der Beine gelähmt
15 sind, seine Füsse im Schlaf zu Asche verbrennen so ruhig
wie ein Stelzfuss[3] sein hölzernes Bein.

So also war das Wunder unserer Zeit, die elektrische
Telegraphie, längst in der tierischen Maschine vorgebildet.
Aber die Ähnlichkeit zwischen beiden Apparaten, dem
20 Nervensystem und dem elektrischen Telegraphen, ist noch
tiefer begründet. Es ist mehr als Ähnlichkeit, es ist Ver-
wandtschaft zwischen beiden da, Übereinstimmung nicht
allein der Wirkungen, sondern auch der Ursachen.

Die Flüsse and Seen Südamerika's, so erzählt ALEXANDER
25 VON HUMBOLDT,[4] wimmeln von einer Art schlangenähnlicher[5]
grüngelblicher Fische, *tembladores* d. i. "Erschütterer" von
den Neuspaniern genannt, denen statt aller Waffe die Natur

1. so . . . gleich, 'thus externally unchanging in appearance.' — 2.
Eisgang, 'run of ice,' as in the spring when the ice starts in the river.
— 3. **Stelzfuss,** 'a person with a wooden foot,' a case of *pars pro toto.*
4. Friedrich Heinrich **Alexander,** Freiherr **von Humboldt** (1769–
1859), noted for his breadth of culture, accuracy of observation and
elegance of diction. The work here referred to is *Sur les poissons
électriques.* Ann. phys. et chim., vol. XI, 1819.— 5. **schlangenähnlich,**
'snake-like.'

die Gabe verlieh, elektrische Schläge in die Ferne durch's Ge-
wässer nach Willkür zu entsenden, um ihre Beute wehrlos zu
machen oder ihren Feind zu betäuben. Wehe dem Steppenross[1] das in den Zauberkreis ihrer feuchten Blitze gerät ;
sinnlos[2] überschlagen ersäuft es in der seichten Furt.   5
Jeder von Ihnen hat etwas in sich von der Gabe dieser
schrecklichen Aale. In den Nerven und Muskeln der
Versammlung in diesem Saal kreist unaufhörlich lautlos ein
mildes Gewitter. "Was, um mit v. HUMBOLDT zu reden,
"unsichtbar die lebendige Waffe jener Wasserbewohner ist ; 10
"was die weite Himmelsdecke donnernd entflammt ; was
"Eisen an Eisen bindet und den stillen wiederkehrenden
"Gang der leitenden Nadel lenkt"; dies nämliche Elemen-
tarfeuer, welches auf unterirdischer Kupferbahn neben den
Schienen her unserer Dampfschnecke[3] lacht und in feuchter 15
blauer Tiefe ohne Schmelzofen eherne Standbilder giesst :
immer dieselbe Elektricität ist es, deren geheimnisvolle Ziehkräfte auch in unseren Nerven und Muskeln wirksam sind.
Doch die Zeit ist um, und ich muss es dabei bewenden
lassen, von einer neuen Welt der Wunder Ihnen eine Ecke 20
des Vorhanges gelüftet zu haben. Ohnehin würden wir
doch zuletzt immer nur auf einen neuen Vorhang stossen,
dessen schwere Falten die Späherin vor Ihnen her, die
Naturforschung, noch nicht zu heben vermochte; und dieser
Vortrag würde doch stets nur bleiben, wofür Sie nachsichtig 25
ihn vollends[4] so schon nehmen mögen, eine physiologische
Predigt über das Evangelium des persischen Dichter-
denkers :[5]

> Sind nicht, sage, Suleima's
> Holde Geberden wunderbar.   30

1. **Steppenross,** ' wild horse.'— 2. **sinnlos überschlagen,** 'paralyzed.'
3. **Dampfschnecke,** ' slow train.'
4. **vollends so schon,** ' at all events,' ' even as it is.' — 5. Hafiz
(Mohammed Shems-ed-Deen), who died in 1390.

Über die Grenzen des Naturerkennens.

WIE es[1] einen Welteroberer der alten Zeit an einem Rasttag inmitten seiner Siegeszüge verlangen konnte, die Grenzen seiner Herrschaft genauer festgestellt zu sehen, um hier ein noch zinsfreies[2] Volk zum Tribut heranzuziehen, dort in der Wasserwüste ein seinen Reiterschaaren unüber- 5 windliches Hindernis, und eine Schranke seiner Macht zu erkennen : so wird es für die Weltbesiegerin unserer Tage, die Naturwissenschaft, kein unangemessenes Beginnen[3] sein, wenn sie bei festlicher Gelegenheit von der Arbeit ruhend die wahren Grenzen ihres Reiches einmal klar sich 10 vorzuzeichnen versucht. Für um so gerechtfertigter halte ich dies Unternehmen, als[4] ich glaube, dass über die Grenzen des Naturerkennens zwei Irrtümer weit verbreitet sind, and als[4] ich für möglich halte, solcher Betrachtung, trotz ihrer scheinbaren Trivialität, auch für die, welche 15 jene Irrtümer nicht teilen, einige neue Seiten abzugewinnen.

Ich setze mir also vor, die Grenzen des Naturerkennens aufzusuchen, und beantworte zunächst die Frage, was Naturerkennen sei. 20

Naturerkennen — genauer gesagt naturwissenschaftliches Erkennen oder Erkennen der Körperwelt mit Hülfe und im Sinne der theoretischen Naturwissenschaft — ist Zurückführen der Veränderungen in der Körperwelt auf

1. es einen Welteroberer . . . verlangen konnte, 'a world conqueror . . . might wish.' — 2. zinsfreies, 'free from tribute,' from *Zins*, Latin *census*. — 3. Beginnen, 'task.' — 4. als is here the complement of *um so*, and signifies 'since.'

Bewegungen von Atomen, die[1] durch deren von der Zeit unabhängige Zentralkräfte bewirkt werden, oder Auflösen der Naturvorgänge in Mechanik der Atome. Es ist psychologische Erfahrungsthatsache, dass, wo solche Auflösung 5 gelingt, unser Causalitätsbedürfnis[2] vorläufig sich befriedigt fühlt. Die Sätze der Mechanik sind mathematisch darstellbar, und tragen in sich dieselbe apodiktische[3] Gewissheit, wie die Sätze der Mathematik. Indem die Veränderungen in der Körperwelt auf eine constante Summe von Spann10 kräften[4] und lebendigen Kräften, oder von potentieller und kinetischer Energie zurückgeführt werden, welche einer constanten Menge von Materie anhaftet, bleibt in diesen Veränderungen selber nichts zu erklären übrig.

KANT'S Behauptung in der Vorrede zu den *Metaphysischen* 15 *Anfangsgründen der Naturwissenschaft*, "dass in jeder "besonderen Naturlehre nur so viel eigentliche Wissen-"schaft angetroffen werden könne, als darin Mathematik "anzutreffen sei"[5] — ist also vielmehr noch dahin zu verschärfen, dass für Mathematik Mechanik der Atome 20 gesetzt wird. Sichtlich dies meinte er selber, als er der Chemie den Namen einer Wissenschaft absprach,[6] and sie unter die Experimental-Lehren verwies.[7] Es ist nicht wenig merkwürdig, dass in unserer Zeit die Chemie, indem die

---

1. Reference to the atomic theory first advanced by BOSCOVICH, that atoms are indivisible, possess mass and are endowed with potential force. According to Sir WILLIAM THOMSON this potentiality generated the vortex rings which can be made to account for all the properties of force and matter. — 2. **Causalitätsbedürfnis**, 'innate desire to trace things back to their primal causes.' — 3. **apodiktisch**, 'apodeictic,' 'absolute,' contrasted with 'relative.' — 4. **Spannkräfte**, 'latent forces,' as opposed to *lebendige Kräfte*, 'living forces.'

5. For an extended discussion of this theme see DU BOIS-REYMOND, *Goethe und kein Ende;* ENGLER, *Der Stein der Weisen;* KIRCHHOFF, *Vorlesungen über mathematische Physik.* — 6. **absprach**, 'denied to.' — 7. **verwies**, for *Platz anwies.*

Entdeckung der Substitution sie zwang, den elektrochemi-
schen Dualismus aufzugeben, sich von dem Ziel, eine
Wissenschaft [1] in diesem Sinne zu werden, scheinbar wieder
weiter entfernt hat.

Denken wir uns alle Veränderungen in der Körperwelt in 5
Bewegungen von Atomen aufgelöst, die durch deren constante Zentralkräfte bewirkt werden, so wäre das Weltall
naturwissenschaftlich erkannt. Der Zustand der Welt
während eines Zeitdifferentiales [2] erschiene als unmittelbare
Wirkung ihres Zustandes während des vorigen und als 10
unmittelbare Ursache ihres Zustandes während des folgenden Zeitdifferentiales. Gesetz und Zufall wären nur noch
andere Namen für mechanische Notwendigkeit. Ja es
lässt eine Stufe der Naturerkenntnis sich denken, auf
welcher der ganze Weltvorgang durch Eine [3] mathematische 15
Formel vorgestellt würde, durch Ein [3] unermessliches System
simultaner Differentialgleichungen, aus [4] dem sich Ort,
Bewegungsrichtung und Geschwindigkeit jedes Atoms im
Weltall zu jeder Zeit ergäbe. " Ein Geist," sagt LAPLACE,
"der für einen gegebenen Augenblick alle Kräfte kennte, 20
" welche die Natur beleben, und die gegenseitige Lage der
" Wesen, aus denen sie besteht, wenn [5] sonst er umfassend
" genug wäre, um diese Angaben der Analyse zu unterwerfen,
" würde in derselben Formel die Bewegungen der grössten
" Weltkörper und des leichtesten Atoms begreifen: nichts 25
" wäre ungewiss für ihn, und Zukunft wie Vergangenheit
" wäre seinem Blick gegenwärtig. Der menschliche Ver-
" stand bietet in der Vollendung, die er der Astronomie zu

1. Chemistry is now a science in that chemical actions and properties
are so amenable to fixed laws that predictions as to conditions can be
made and subsequently verified by experimentation.
2. Zeitdifferential, 'infinitesimal element of time, or dt.' — 3. Capi-
tals are sometimes employed to emphasize by making words conspicuous.
4. aus dem sich . . . ergäbe, 'from which there would result.' — 5.
wenn . . . wäre, 'provided he were broad enough (*i.e.* able).'

"geben gewusst hat, ein schwaches Abbild solchen Geistes
" dar."[1]
In der That, wie der Astronom nur der Zeit in den Mondgleichungen[2] einen gewissen negativen Wert zu erteilen
5 braucht, um zu ermitteln, ob, als PERIKLES[3] nach Epidaurus
sich einschiffte, die Sonne für den Piraeeus verfinstert ward,
so könnte der von LAPLACE gedachte Geist durch geeignete
Diskussion seiner Weltformel uns sagen, wer die[4] eiserne
Maske war oder wie der ' President '[5] zu Grunde ging. Wie
10 der Astronom den Tag vorhersagt, an dem nach Jahren ein
Komet aus den Tiefen des Weltraumes am Himmelsgewölbe
wieder auftaucht, so läse jener Geist in seinen Gleichungen
den Tag, da das Griechische Kreuz von der Sophienmoschee[6] blitzen oder da England seine letzte Steinkohle
15 verbrennen wird. Setzte er in der Weltformel $t = -\infty$, so
enthüllte sich ihm der rätselhafte Urzustand der Dinge.

1. From *Essai philosophique sur les Probabilités*, 2me éd. Paris,
1814, p. 2.
2. **Mondgleichungen,** 'lunar equations,' — that is, knowing the
motions of the moon and its position relative to other heavenly bodies
at any instant, it is possible to determine their positions at any other
instant either in the past or future with an accuracy depending solely
upon the precision of the factors and formulas employed. See NEW-
COMB, *Researches on the Motion of the Moon*, Report U. S. Naval Ob-
servatory, 1875, App. II, p. 32. — 3. **Perikles** (died in 429 B.C.), the
greatest statesman of Athens's Golden Age. The reference here is to
the time when he was embarking from Piræus, the harbor of Athens,
during the Peloponnesian War. This eclipse occurred on August 3,
430 B.C. — 4. **die eiserne Maske,** 'the man in the iron mask,' known as
Lestang. He was imprisoned by Louis XIV, but his identity has never
been known. No less than nine different persons have been declared to
be the veritable Lestang. See *Temple Bar* for May, 1872 ; and H. G. A.
ELLIS, *The True History of the Iron Mask.* — 5. '**President**,' the steamer
which sailed from New York for Liverpool on March 11, 1841, and of
which no vestige has since been seen. — 6. **Sophienmoschee,** 'mosque
of St. Sophia' in Constantinople, built by Justinian. Until the
Mahometan conquest, in 1453, this was a Greek Catholic church.

Er sähe im unendlichen Raume die Materie entweder
schon bewegt, oder ruhend und ungleich verteilt, da bei
gleicher Verteilung das labile[1] Gleichgewicht nie gestört
worden wäre. Liesse er t im positiven Sinn unbegrenzt
wachsen, so erführe er, nach wie langer Zeit CARNOT's 5
Satz[2] das Weltall mit eisigem Stillstande[3] bedroht. Solchem
Geiste wären die Haare auf unserem Haupte gezählt, und
ohne sein Wissen fiele kein Sperling zur Erde. Ein vor-[4]
und rückwärts gewandter Prophet, wäre ihm, wie D'ALEM-
BERT, LAPLACE's Gedanken im[5] Keime hegend, in der 10
Einleitung zur Encyklopädie sich ausdrückte, "das Welt-
"ganze nur eine einzige Thatsache und Eine grosse Wahr-
"heit."[6]

Auch bei LEIBNIZ[7] findet sich schon der LAPLACE'sche
Gedanke, ja in gewisser Beziehung weiter entwickelt als 15

1. labile Gleichgewicht, 'equilibrium.' — 2. Carnot's Satz, the
theorem of Lazare Nicolas Sadi CARNOT (1796–1832), a Captain of
Engineers in the French Army. This theorem is known as the 'rever-
sible cycle' of operations in the mechanical equivalent of heat. It was
contained in *Réflexions sur la Puissance motrice du Feu*, Paris: 1824.
See R. H. THURSTON, *Life and Work of Sadi Carnot*. — 3. For other
discussions on the 'icy rigidity' of the universe see HELMHOLTZ, *Über
die Wechselwirkung der Naturkräfte*, Königsberg : 1854 ; *Vorträge und
Reden*, Braunschweig : 1884 ; also articles in Poggendorff's Annalen,
vols. 121, and 125, by CLAUSIUS ; in Phil. Mag. vol. IV, 1852, by SIR
W. THOMSON. — 4. vor-... Prophet, 'a prophet, looking forwards
and backwards,' referring to Janus, the ancient Roman deity who had
two faces, one in front and the other looking backwards. — 5. im Keime
hegend, 'containing the germinal idea.' — 6. The reference is to *Encyclopédie, Discours préliminaire*, Paris : 1751, Folio, tome I, p. ix. This
was the work of the greatest French scholars of the age, such as
DIDEROT, D'ALEMBERT, VOLTAIRE, ROUSSEAU, etc. The *Encyclopédie*,
containing the sum of human knowledge of the time, was a very important factor in bringing about the French Revolution. See FÉLIX
ROCQUAIN, *L'Esprit révolutionnaire avant la Révolution*.
7. Leibniz (1646–1716), in *Opera philosophica*, ed. Erdmann, Berlin :
1840, pp. 183-4, replies to Bayle and expresses his belief in the predestined

bei LAPLACE, sofern LEIBNIZ jenen Geist auch mit Sinnen
und mit technischem Vermögen von entsprechender Vollkommenheit ausgestattet sich denkt.   PIERRE BAYLE[1] hatte
gegen die Lehre von der praestablierten Harmonie ein-
5 gewendet, sie mache für den menschlichen Körper eine
Voraussetzung ähnlich der eines Schiffes, das durch eigene
Kraft dem Hafen zusteuere.   LEIBNIZ erwiedert, dies sei
gar nicht so unmöglich, wie BAYLE meine.   " Es ist kein
" Zweifel," sagt er, " dass ein Mensch eine Maschine machen
10 " könnte, fähig einige Zeit in einer Stadt sich umher zu
" bewegen und genau an gewissen Strassenecken umzu-
" biegen.   Ein unvergleichlich vollkommnerer, obwohl be-
" schränkter Geist könnte auch eine unvergleichlich grössere
" Anzahl von Hindernissen vorhersehen und ihnen aus-
15 " weichen.   So wahr ist dies, dass wenn, wie einige glauben,
" diese Welt nur aus einer endlichen Anzahl nach den
" Gesetzen der Mechanik sich bewegender Atome bestände,
" es gewiss ist, dass ein endlicher Geist erhaben genug sein
" könnte, um alles, was zu bestimmter Zeit darin geschehen
20 " muss, zu begreifen und mit mathematischer Gewissheit
" vorherzusehen ; so dass dieser Geist nicht nur ein Schiff
" bauen könnte, das von selber einem gegebenen Hafen
" zusteuerte, wenn ihm einmal die gehörige innere Kraft
" und die Richtung erteilt wäre, sondern er könnte sogar
25 " einen Körper bilden, der die Handlungen eines Menschen
" nachmachte."
    Es braucht nicht gesagt zu werden, dass der menschliche
Geist von dieser vollkommenen Naturerkenntnis stets weit

harmony of the universe.   Bayle's views can be found in his *Dictionnaire historique et critique.*   See also FEUERBACH, *Pierre Bayle, seine
Verdienste für die Geschichte der Philosophie ;* and SAINTE-BEUVE in
Revue des Deux Mondes for December, 1835.
    1. **Pierre Bayle** (1647-1706), at one time a defender of Calvinism,
which, however, he later abjured.

entfernt bleiben wird. Um den Abstand zu zeigen, der uns sogar von deren ersten Anfängen trennt, genügt Eine Bemerkung. Ehe die Differentialgleichungen der Welt-formel angesetzt[1] werden könnten, müssten[2] alle Naturvor-gänge auf Bewegungen eines substantiell unterschiedslosen, 5 mithin eigenschaftslosen Substrates dessen zurückgeführt sein, was uns als verschiedenartige Materie erscheint, mit anderen Worten, alle Qualität müsste aus Anordnung und Bewegung solchen Substrates erklärt sein, für welches ich den Namen ὕλη[3] vorschlagen möchte. 10
Dass es in Wirklichkeit keine Qualitäten giebt, folgt aus der Zergliederung unserer Sinneswahrnehmungen.[4] Nach unseren jetzigen Vorstellungen findet in allen Nervenfasern, welche Wirkung sie auch schliesslich hervorbringen, der-selbe,[5] nach beiden Richtungen sich ausbreitende,[5] nur[6] der 15 Intensität nach veränderliche Molecularvorgang statt. In den Sinnesnerven wird dieser Vorgang eingeleitet durch die[5] für Aufnahme äusserer Eindrücke verschiedentlich eingerichteten[5] Sinneswerkzeuge ; in den Muskel-, Drüsen-, elektrischen, Leuchtnerven durch unbekannte Ursachen in 20 den Ganglienzellen[7] der Centren. Der Idee nach müsste ein Stück Sehnerv mit einem Stück eines elektrischen Nerven, bei gehöriger Rücksicht auf ihre physiologische Wirkungsrichtung, Faser für Faser ohne Störung vertauscht

1. **angesetzt werden könnten,** ' can be formulated.' — 2. **müssten** . . . **sein,** ' all natural facts would have to be reduced to the motions of a substantially undifferentiated, and hence property-less substratum of that.' — 3. ὕλη (literally ' wood ') in philosophy signifies the stuff or matter of which a thing is made ; the raw, unwrought material, whether wood, stone, or metal, etc.
4. **Sinneswahrnehmung,** ' sense perception.' — 5. For the proper rendering of such participial clauses, see GORE, *German Science Reader*, p. viii *sq.*, also DIPPOLD, *Scientific German Reader*, p. 241, note 2 to p. 3. — 6. **nur** . . . **veränderliche,** ' variable only in intensity.' — 7. **Ganglienzellen** . . ., ' central ganglionic cells.'

werden können ; nach Einheilung der Stücke würden Sehnerv und elektrischer Nerv richtig leiten. Vollends zwei
Sinnesnerven würden einander ersetzen. Bei[1] über's Kreuz
verheilten Seh- und Hörnerven hörten wir, wäre der Versuch
5 möglich, mit dem Auge den Blitz als Knall, und sehen mit
dem Ohr den Donner als Reihe von Lichteindrücken. Die
Sinnesempfindung[2] als solche entsteht also erst in den
Sinnsubstanzen, wie JOHANNES MÜLLER[3] die zu den Sinnesnerven gehörigen Hirnprovinzen[4] nannte, von welchen jetzt
10 Hr. HERMANN MUNK[5] einen Teil in der Grosshirnrinde[6] als
Sehsphäre, Hörsphäre u. s. w. unterschied. Die Sinnsubstanzen sind es, welche die in allen Nerven gleichartige
Erregung überhaupt erst in Sinnesempfindung übersetzen,
und als die wahren Träger der 'specifischen Energien'
15 JOHANNES MÜLLER's je nach ihrer Natur die verschiedenen
Qualitäten erzeugen. Das mosaische: "Es ward Licht,"
ist physiologisch falsch. Licht ward erst, als der erste
rote Augenpunkt eines Infusoriums[7] zum ersten Mal Hell
und Dunkel unterschied. Ohne Seh- und ohne Gehörsinn-
20 substanz wäre diese farbenglühende, tönende Welt um uns
her finster und stumm.

Und stumm und finster an sich, d. h. eigenschaftslos, wie

1. **Bei . . . Hörnerven,** 'with a nerve of seeing and a nerve of
hearing severed and each united (healed) with the other.' — 2. **Sinnesempfindung,** 'sense perception.' — 3. **Johannes Müller** (1801-1858),
Professor of Anatomy, University of Berlin, one of the leading physiologists of Europe. Müller's theory is that the kind of sensation following the irritation of a sensory nerve does not depend upon the mode of
irritation but upon the nature of the sense-organ. That is, any irritation
acting upon the retina and optic nerve produces luminous impressions.
For an elaboration of the theory of specific nerve-energy, see A. GOLD-
SCIIEIDER, *Die Lehre von den specifischen Energien der Nerven*, Berlin :
1881. — 4. **Hirnprovinz,** 'cerebral region.' — 5. **Hermann Munk,** *Über
die Functionen der Grosshirnrinde*, Berlin : 1890. — 6. **Grosshirnrinde,**
'convolutions of the cerebrum.' — 7. **Infusorium,** microscopic animal
or vegetable organism.

sie aus der subjectiven Zergliederung hervorgeht, ist die
Welt auch für die durch objective Betrachtung gewonnene
mechanische Anschauung, welche statt Schall und Licht
nur Schwingungen eines eigenschaftslosen, dort als wägbare,
hier als scheinbar unwägbare Materie sich darbietenden 5
Urstoffes kennt.
Aber wie wohlbegründet diese Vorstellungen im allgemeinen auch sind, zu ihrer Durchführung im einzelnen fehlt
noch so gut wie alles. Der Stein[1] der Weisen, der die
heute noch unzerlegten Stoffe in einander umwandelte und 10
aus höheren Grundstoffen, wenn nicht dem Urstoff selber,
erzeugte, müsste gefunden sein, ehe die ersten Vermutungen
über[2] Entstehung scheinbar verschiedenartiger aus in Wirklichkeit eigenschafts- also unterschiedsloser Materie möglich
würden : unserer achtundsechzig[3] Elemente, deren weitere 15
Vermehrung uns so wenig aufzuregen pflegt wie die der
kleinen Planeten, aus der 'Hyle.'[4] Gewiss ist Hrn. LOTHAR
MEYER'S[5] und Hrn. MENDELEJEFF'S[6] periodisches[7] System
der Elemente ein mächtiger Schritt in dieser Richtung,
welcher aber zunächst nur dazu dient uns zu zeigen, wie 20
weit wir noch von der ersehnten Einsicht entfernt sind.

    1. **Stein der Weisen**, 'philosopher's stone.' — 2. **über** . . . **Materie,**
'as to the development of apparently heterogeneous matter from
matter actually homogeneous and property-less.' — 3. Now 70 elements
(provisionally). — 4. '**Hyle** '; cf. 3, 41. — 5. **Lothar Meyer** (1830),
Die Natur der chemischen Elemente als Function ihrer Atomgewichte,
Annal. Chem. u. Pharm. VII, 1870, pp. 354-364. — 6. Dimitri Ivano-
vich **Mendelejeff** (1834), *Versuche eines Systems der Elemente nach
ihren Atomgewichten und chemischen Functionen*, Journ. Prakt. Chem.
CVI, 1869, p. 251. See *Nature*, XL, 1889, pp. 193-197. — 7. Reference
to the 'periodic law'; that is, if the chemical elements are arranged in
the order of their atomic weights, at regular intervals will be found
elements which have similar chemical and physical properties. Through
the existence of a gap in this cycle the elements Gallium and Scandium
were predicted and afterwards found. See ·J. A. R. NEWLANDS, *The
Discovery of the Periodic Law*, London : 1884.

Der oben geschilderte Geist — er heisse fortan[1] kurz der
LAPLACE'sche Geist — würde dagegen diese Einsicht voll-
endet besitzen, und danach könnte es scheinen, als sei
zwischen ihm und uns kein Vergleich möglich. Doch ist
5 der menschliche Geist vom LAPLACE'schen Geist nur grad-
weise verschieden, etwa[2] wie eine bestimmte Ordinate einer
von Null in's Unendliche ansteigenden Curve von einer
zwar ausnehmend viel grösseren, jedoch noch endlichen
Ordinate derselben Curve. Wir gleichen diesem Geist,
10 denn wir begreifen ihn. Ja es ist die Frage, ob ein Geist
wie NEWTON's von dem LAPLACE'schen Geiste sich viel
mehr unterscheidet, als vom Geiste NEWTON's der Geist
eines Australnegers, der nur bis drei, eines Buschmannes,
der nur bis zwei zählt, oder eines Chiquito's,[8] der gar keine
15 Zahlwörter besitzt. Mit anderen Worten, die Unmöglichkeit, die Differentialgleichungen der Weltformel aufzustellen,
zu integrieren und das Ergebnis zu diskutieren, ist[4] keine
in der Natur der Dinge begründete, sondern beruht auf der
Unmöglichkeit, die nötigen thatsächlichen Bestimmungen
20 zu erlangen, und, auch wenn dies möglich wäre, auf deren
unermesslicher, vielleicht unendlicher Ausdehnung, ihrer
Mannigfaltigkeit und Verwickelung.

Das Naturerkennen des LAPLACE'schen Geistes stellt
somit die höchste denkbare Stufe unseres eigenen Natur-
25 erkennens vor, und bei der Untersuchung über die Grenzen
dieses Erkennens können wir jenes zu Grunde legen. Was
der LAPLACE'sche Geist nicht zu durchschauen vermöchte,
das wird vollends unserem in so viel engeren Schranken
eingeschlossenen Geiste verborgen bleiben.

1. **fortan kurz**, 'in the future for brevity.' — 2. **etwa ... Curve,**
'just about as a definite ordinate of a curve passing from zero to infinity
differs from another ordinate of the same curve, greater than the former
yet finite.' — 3. **Chiquito,** name of a tribe inhabiting the eastern base of
the Andes in Bolivia. — 4. **ist ... begründete (Unmöglichkeit),** 'is in
the nature of things not fundamentally impossible.'

Zwei Stellen sind es nun, wo[1] auch der LAPLACE'sche Geist vergeblich trachten[2] würde weiter vorzudringen, vollends wir stehen zu bleiben gezwungen sind.

Erstens nämlich ist daran zu erinnern, dass das Naturerkennen, welches vorher als unser Causalitätsbedürfnis 5 vorläufig[3] befriedigend bezeichnet wurde, in Wahrheit dies nicht thut, und kein Erkennen ist. Die Vorstellung, wonach die Welt aus stets[4] dagewesenen und unvergänglichen kleinsten Teilen besteht, deren Zentralkräfte alle Bewegung erzeugen, ist gleichsam nur Surrogat[5] einer Erklärung. Sie 10 führt, wie bemerkt, alle Veränderungen in der Körperwelt auf eine constante Menge von Materie und ihr anhaftender Bewegungskraft zurück, und lässt an den Veränderungen selber also nichts zu erklären übrig, denn was stets da war, kann nur Ursache, nicht Wirkung sein. Bei dem gegebenen 15 Dasein jenes Constanten können wir, der gewonnenen Einsicht froh, eine Zeit lang uns beruhigen; bald aber verlangen wir tiefer einzudringen, und es seinem Wesen nach zu begreifen. Da ergiebt sich denn bekanntlich, dass zwar die atomistische[6] Vorstellung für den Zweck unserer 20 physikalisch-mathematischen Ueberlegungen brauchbar, ja mitunter unentbehrlich ist, dass sie aber, wenn die Grenzen der an[7] sie zu stellenden Forderungen überschritten werden, als Corpuscular-Philosophie in unlösliche Widersprüche führt.

Ein physikalisches Atom, d. h. eine im Vergleich zu den 25 Körpern, die wir handhaben, verschwindend klein gedachte,

1. **wo auch,** ' where even.' — 2. **trachten,** ' strive.'
3. **vorläufig,** ' provisionally.' — 4. **stets** . . . **Teilen,** ' atoms ever existing and indestructible.' — 5. **Surrogat,** from Lat. *surrogo, surrogatus,* ' substitute,' here ' makeshift.' — 6. **atomistische Vorstellung,** ' atomic theory,' or the theory of ultimate indivisibility of matter first propounded by Democritus, as opposed to the theory of the infinite divisibility of matter advanced by Anaxagoras, sometimes called the theory of continuity. — 7. **an** . . . **Forderungen,** ' demands which may be made upon it.'

aber trotz ihrem Namen in der Idee noch teilbare Masse,
welcher Eigenschaften oder ein Bewegungszustand zugeschrieben werden, wodurch das Verhalten einer aus
unzähligen solchen Atomen bestehenden Masse sich erklärt,
5 ist eine in[1] sich folgerichtige und unter Umständen,
beispielsweise in der Chemie, der mechanischen[2] Gastheorie, äusserst nützliche Fiction. In der mathematischen Physik wird übrigens deren Gebrauch neuerlich
möglichst vermieden, indem man, statt auf discrete Atome,
10 auf Volumelemente der continuierlich[3] gedachten Körper
zurückgeht.
Ein philosophisches Atom dagegen, d. h. eine angeblich
nicht weiter teilbare Masse trägen wirkungslosen Substrates, von welcher durch den leeren Raum in die Ferne
15 wirkende Kräfte ausgehen, ist bei näherer Betrachtung ein
Unding.
Denn soll das nicht weiter teilbare, träge, an sich unwirk-
same Substrat wirklichen Bestand haben, so muss es einen
gewissen noch so kleinen Raum erfüllen. Dann ist nicht
20 zu begreifen, warum es nicht weiter teilbar sei. Auch kann
es den Raum nur erfüllen, wenn es vollkommen hart ist,
d. h. indem es durch eine an seiner Grenze auftretende,
aber nicht darüber hinaus wirkende abstossende Kraft,
welche alsbald grösser wird, als jede gegebene Kraft,
25 gegen[4] Eindringen eines anderen Körperlichen in denselben
Raum sich wehrt. Abgesehen von anderen Schwierigkeiten,
welche hieraus entspringen, ist das Substrat alsdann kein
wirkungsloses mehr.

1. in sich folgerichtige, 'congruous in itself.' — 2. mechanischen
Gastheorie, the kinetic theory of motions within molecules, first enunci-
ated by Clerk Maxwell. It includes the laws of Avogadro, Magnus,
Mariotte, Charles, Boyle, and Clausius. See HENRY W. WATSON,
Kinetic Theory of Gas, Oxford : 1893. — 3. Cf. note 6, p. 45.
4. gegen Eindringen . . . sich wehrt, 'resists the intrusion.'

Denkt man sich umgekehrt mit den Dynamisten[1] als
Substrat nur den geometrischen Mittelpunkt der Zentralkräfte, so erfüllt das Substrat den Raum nicht mehr,
denn der Punkt ist die im Raume vorgestellte Negation
des Raumes. Dann ist nichts mehr da, wovon die Zentral- 5
kräfte ausgehen und was träg sein könnte, gleich der
Materie. Durch den leeren Raum in die Ferne wirkende Kräfte
sind an sich unbegreiflich, ja widersinnig, und erst seit
NEWTON's Zeit, durch Missverstehen seiner Lehre und 10
gegen seine ausdrückliche Warnung, den Naturforschern
eine geläufige Vorstellung geworden.[2] Denkt man sich mit
DESCARTES[3] und LEIBNIZ[4] den ganzen Raum erfüllt, und
alle Bewegung durch Übertragung in Berührungsnähe
erzeugt, so ist zwar das Entstehen der Bewegung auf[5] ein 15

1. **Dynamisten**, 'dynamists,' those who believe that besides matter
some other material principle, such as force in some form, is required
to explain the phenomena of nature. The Ionic philosophers assigned
love and hate as the causes of motion ; Leibniz considered this principle
to be the capacity to act ; Tait held that mechanical energy is substance;
at present the general belief is that the doctrine of energy can explain
all things.
2. For a criticism of the theory of central force, see ISENKRAHE,
Das Rätsel von der Schwerkraft, Braunschweig : 1879 ; ROUTH, *Analyt-
ical View of Sir Isaac Newton's Principia.* — 3. Reference to René
Descartes' (1596–1650) law of universal transmission of movement,
given in his *Principles of Philosophy.* See KUNO FISCHER, *Geschichte
der Philosophie*, Mannheim : 1865. — 4. Reference to Gottfried Wilhelm
Leibniz' (1646–1716) theory that phenomenal nature can be explained
by motion and that this motion is a fine ether, similar to that which
transmits light. This ether penetrating all bodies in the direction of
the earth's axis, produces the phenomena of gravity. The theory was
first published in *Hypothesis physica nova*, 1671. See FEUERBACH,
Darstellung, Entwickelung und Kritik der Leibniz'schen Philosophie,
Leipzig : 1844. — 5. **auf . . . zurückgeführt,** 'reduced to a concept
familiar to our sense perceptions.'

unserer sinnlichen Anschauung vertrautes Bild zurückgeführt, aber es stellen sich andere Schwierigkeiten ein.
Unter anderem war es bei dieser Vorstellung bisher unmöglich, die verschiedene Dichte der Körper aus ver-
5 schiedener Zusammenfügung des gleichartigen Urstoffes zu
erklären. Es ist leicht, den Ursprung dieser Widersprüche aufzu-
decken. Sie wurzeln in unserem Unvermögen, etwas
anderes, als mit den äusseren Sinnen entweder, oder mit
10 dem inneren Sinn Erfahrenes uns vorzustellen. Bei dem
Bestreben, die Körperwelt zu zergliedern, gehen wir aus
von der Teilbarkeit der Materie, da sichtlich die Teile
etwas Einfacheres und Ursprünglicheres sind, als das
Ganze. Fahren wir in Gedanken mit Teilung der Materie
15 immer weiter fort, so bleiben wir mit unserer Anschauung
in dem uns angewiesenen Geleise, und fühlen uns in
unserem Denken unbehindert. Zum Verständnis der Dinge
thun wir keinen Schritt, da wir in der That nur das im
Bereiche des Grossen und Sichtbaren Erscheinende auch
20 im Bereiche des Kleinen und Unsichtbaren uns vorstellen.
Wir kommen so zum Begriffe des physikalischen Atoms.[1]
Hören wir nun aber willkürlich irgendwo mit der Teilung
auf, bleiben wir stehen bei vermeintlichen philosophischen
Atomen, die nicht weiter teilbar, an sich wirkungslos, und
25 doch vollkommen hart und Träger fernwirkender Zentralkräfte sein sollen: so verlangen wir, dass eine Materie,
die wir uns unter dem Bilde der Materie denken, wie wir
sie handhaben, neue, ursprüngliche, ihr eigenes Wesen
aufklärende Eigenschaften entfalte, und dies ohne dass wir
30 irgend ein neues Princip einführten. So begehen wir den
Fehler, der durch die vorher blosgelegten Widersprüche
sich äussert.

1. For a discussion of matter and force see G. T. FECHNER, *Über
die physikalische and philosophische Atomlehre*, Leipzig: 1855.

Niemand, der etwas tiefer nachgedacht hat, verkennt die transcendente[1] Natur des Hindernisses, dass hier sich uns entgegenstellt. Wie man es auch zu umgehen versuche, in der einen oder anderen Form stösst man darauf. Von welcher Seite, unter welcher Deckung man ihm sich nähere, man erfährt seine Unbesiegbarkeit. Die alten Ionischen Physiologen standen davor nicht ratloser als wir. Alle Fortschritte der Naturwissenschaft haben nichts dawider vermocht, alle ferneren werden dawider nichts fruchten. Nie werden wir besser als heute wissen, was, wie PAUL ERMAN[2] zu sagen pflegte, "hier," wo Materie ist, "im "Raume spukt." Denn sogar der LAPLACE'sche, über den unseren so weit erhabene Geist würde in diesem Punkte nicht klüger sein als wir, und daran erkennen wir verzweifelnd, dass wir hier an der einen Grenze unseres Witzes stehen.

Übrigens böte die materielle Welt diesem Geiste noch ein unlösbares Rätsel. Zwar würde, wie wir sahen, seine Formel ihm den Urzustand der Dinge enthüllen. Träfe er aber die Materie vor unendlicher Zeit im unendlichen Raume ruhend und ungleich verteilt an, so wüsste er nicht, woher die ungleiche Verteilung ; träfe er sie schon bewegt an, so wüsste er nicht, woher die Bewegung, welche ihm nur als zufälliger Zustand der Materie erscheint. In beiden Fällen bliebe sein Causalitätsbedürfnis unbefriedigt. Vielleicht, ja .wahrscheinlich, ist die schon von ARISTOTELES erörterte Frage nach dem Anfang der Bewegung einerlei mit der nach dem Wesen von Materie und Kraft. Weder

---

1. transcendente Natur des Hindernisses, is the attempt to make primal matter metaphysical through infinite subdivision without the introduction of any new principle. The doctrine of the Ionic physiologists. See ZELLER, *Die Philosophie der Griechen*, Leipzig : 1876. — 2. Paul Erman (1764–1851), Professor of Physics in the University of Berlin.

lässt sich dies beweisen, noch wäre dem LAPLACE'schen
Geist damit geholfen, da eben das Wesen von Materie und
Kraft ihm verschlossen bleibt.

    Sehen wir aber von dem allen ab, setzen[1] wir die be-
5 wegte Materie als gegeben voraus, so ist in der Idee, wie
gesagt, die Körperwelt verständlich. Seit unendlicher Zeit
geht im unendlichen Raume Verdichtung der scheinbar sich
anziehenden Materie vor sich. Als verschwindender Punkt
irgendwo im Weltall ballt sich dabei auch der kreisende
10 Nebel zusammen, aus welchem die von Hrn. VON HELM-
HOLTZ[2] mittels der mechanischen Wärmetheorie weiter
geführte KANT'sche Hypothese unser Planetensystem mit
seiner erschöpfbaren, nie wiederkehrenden Wärmemitgift
werden lässt. Schon sehen wir unsere Erde als feurig
15 flüssigen Tropfen, umhüllt mit einer Atmosphäre von un-
vorstellbarer Beschaffenheit, in ihrer Bahn rollen. Wir
sehen sie im Lauf unermesslicher Zeiträume mit einer
Rinde erstarrenden[3] Urgesteines sich umgeben, Meer und
Veste[4] sich scheiden, den Granit, durch heisse kohlensaure
20 Wolkenbrüche zerfressen, das Material zu kalihaltigen[5]
Erdschichten liefern, und schliesslich Bedingungen entstehen, unter denen Leben möglich ward.

    Wo und in welcher Form es auf Erden zuerst erschien,
ob als Protoplasmaklümpchen[6] im Meer, oder ob an der
25 Luft unter Mitwirkung der noch mehr ultraviolette Strahlen
entsendenden Sonne bei noch höherem Kohlensäuregehalt
der Atmosphäre; ob von anderen Weltkörpern her Lebenskeime zu uns herüberflogen; wer sagt es je? Aber der

---

    1. setzen . . . als gegeben voraus, 'postulate [as granted].' — 2.
Cf. 30, 3. The reference here is to his *Die Wechselwirkung der
Naturkräfte*, Königsberg: 1854, p. 44. — 3. erstarrendes Urgestein,
'indurating primordial rock.' — 4. Veste, 'land.' — 5. kalihaltigen,
'alkaline.'
    6. Protoplasmaklümpchen, 'protoplasmic molecule.'

LAPLACE'sche Geist im Besitze der Weltformel könnte es
sagen. Denn beim Zusammentreten unorganischen Stoffes
zu Lebendigem handelt es sich zunächst nur um Bewegung,
um Anordnung von Molekeln in mehr oder minder festen[1]
Gleichgewichtslagen, und um Einleitung eines Stoffwechsels, 5
teils durch von aussen überkommene Bewegung, teils durch
Spannkräfte der mit Molekeln der Aussenwelt in Wechselwirkung tretenden Molekeln des Lebewesens. Was das
Lebende vom Toten, die Pflanze und das nur in seinen
körperlichen Funktionen betrachtete Tier vom Krystall 10
unterscheidet, ist zuletzt dieses : im Krystall befindet sich
die Materie in stabilem Gleichgewichte, während durch das
Lebewesen ein Strom von Materie sich ergiesst, die Materie
darin in mehr oder minder vollkommenem dynamischen
Gleichgewichte[2] sich befindet, mit bald positiver, bald der 15
Null gleicher, bald negativer Bilanz. Daher ohne Ein-
wirkung äusserer Massen und Kräfte der Krystall ewig
bleibt was er ist, dagegen das Lebewesen in seinem Bestehen von gewissen äusseren Bedingungen, den integrierenden oder Lebensreizen der älteren Physiologie,[3] abhängt, 20
und einem[4] zeitlichen Verlauf unterliegt, aber auch fähig
wird, kinetische in potentielle Energie, diese[5] in jene nach
Bedürfnis zu verwandeln.

So werden durch diese grundlegende Verschiedenheit
zwischen den Individuen der toten und denen der lebenden 25
Natur die Vorgänge in letzteren dem Gesetz der Erhaltung[6]

---

1. feste Gleichgewichtslage, 'stable equilibrium.' — 2. For a
discussion of dynamic equilibrium see articles by SMAASEN on *Dynamisches Gleichgewicht* in Poggendorff's Annalen, XXIX, 1846, pp. 161-
180; LXXII, 1847, pp. 435-449.— 3. For a further discussion of the
older physiology, see JOHANNES MÜLLER, *Handbuch der Physiologie
des Menschen*, Coblenz : 1844.— 4. einem ... unterliegt, 'requires a
definite interval of time.'— 5. diese in jene, 'vice versa.'
6. Erhaltung der Energie, 'conservation of energy.'

der Energie unterthan. Neben ihr verschwinden an Bedeutung, sofern sie nicht darin aufgehen, die von ERNST
HEINRICH WEBER[1] scharfsinnig ausgedachten, die beiden
Klassen von Individuen mehr äusserlich trennenden Merk-
5 male. Den sonst vom Vitalismus hervorgehobenen Unterschieden, der angeblich höheren Unbegreiflichkeit und
Unnachahmlichkeit der Lebewesen, ihrer Zweckmässigkeit,
verschiedenen Reactionen und Unteilbarkeit liegt meist
unrichtige Auffassung zu Grunde. Was insbesondere die
10 Unteilbarkeit betrifft, so beruht zwar die sogenannte Teilbarkeit mancher Organismen nur auf einem weitreichenden
Regenerationsvermögen. Doch sind in der Idee Lebewesen nach Art der Krystalle teilbar in constituierende
Elementarorganismen, so dass sie kaum noch Individuen
15 heissen dürften; andererseits sind Maschinen unteilbar
nach Art der Lebewesen, da in beiden die Wirkung des
Ganzen die der Teile, die Wirkung der Teile die des
Ganzen bedingt. So erklärt sich ohne grundsätzliche
Verschiedenheit der Kräfte im Krystall und im Lebe-
20 wesen, ohne Lebenskraft in irgend einer Form oder Ver-
kleidung, dass beide miteinander incommensurabel sind
wie[2] ein in lauter ähnliche Werkstücke spaltbares Bauwerk und eine Maschine, und somit ist für den Forscher
kein Grund vorhanden, zwischen beiden Reichen jene
25 absoluten Schranken gelten zu lassen, wie sie der unbe-
fangene Menschensinn freilich allerorten und jederzeit
erblickt hat und erblicken wird, und wie eine erst in
unseren Tagen abgelaufene Periode der Wissenschaft sie
zum Dogma erhob.

1. **Ernst Heinrich Weber** (1795–1878), Professor of Physiology in
the University of Leipsic, author of 'Weber's Law' and the first to
show the interdependence of body and soul. See JAMES WARD in
Mind, I, 1876, pp. 452. — 2. **wie . . . Bauwerk**, 'just as a simple
building which admits of separation into similar parts.'

Es ist daher ein Missverständnis, im ersten Erscheinen
lebender Wesen auf Erden oder auf einem anderen Weltkörper etwas Supernaturalistisches, etwas anderes zu sehen,
als ein überaus schwieriges mechanisches Problem. Von
den beiden Irrtümern, auf die ich hinweisen wollte, ist dies 5
der eine, und ich halte nicht für geboten, von Ewigkeit
her gleichsam eine kosmische Panspermie[1] anzunehmen.
Nicht hier ist die andere Grenze des Naturerkennens;
hier nicht mehr als in der Krystallbildung. Könnten wir
die Bedingungen herstellen, unter denen einst Lebewesen 10
entstanden, wie wir dies für gewisse, nicht für alle Krystalle
können, so würden nach dem Principe des Actualismus[2]
wie damals auch heute Lebewesen entstehen. Sollte es
aber auch nie gelingen, Urzeugung[3] zu beobachten, geschweige[4] sie im Versuch herbeizuführen, so wäre doch 15
hier kein unbedingtes Hindernis. Wären uns Materie und
Kraft verständlich, die Welt hörte nicht auf begreiflich zu
sein, auch wenn wir uns die Erde (um nur sie zu nennen)
von ihrem äquatorialen Smaragdgürtel[5] bis zu den letzten
flechtengrauen Polarklippen mit der üppigsten Fülle von 20
Pflanzenleben überwuchert denken, gleichviel welchen Anteil an der Gestaltung des Pflanzenreiches man organischen
Bildungsgesetzen, welchen der natürlichen[6] Zuchtwahl
einräume. Nur die zur Befruchtung vieler Pflanzen als
unentbehrlich erkannte Beihülfe der Insektenwelt müssen 25

1. **Panspermie**, 'panspermatism'; the doctrine that the atmosphere
is full of invisible germs of animalcules. See JOHN FISKE, *Outlines of
Cosmic Philosophy*, Boston : 1874. — 2. **Actualismus**, 'actualism,' the
doctrine that all existence is active or spiritual, and not inert; that is,
the universe is a process. See HINTON in *Mind*, LX, 1884, p. 353. —
3. **Urzeugung**, 'original production of organism.' — 4. **geschweige**,
'much less.' — 5. **Smaragdgürtel** . . . **Polarklippen**, 'emerald girdle to
the last lichen-gray polar cliffs.' — 6. **natürlichen Zuchtwahl**, 'natural
selection.'

wir aus Gründen, die bald einleuchten werden, in dieser
Betrachtung bei Seite lassen. Sonst bietet das reichste,
von BERNADIN DE SAINT-PIERRE,[1] ALEXANDER VON HUM-
BOLDT[2] oder PÖPPIG[3] entworfene Gemälde eines tropischen
5 Urwaldes dem Blicke der theoretischen Naturforschung
nichts dar, als auf bestimmte Weise angeordnete oder
bewegte Materie.

Allein es tritt nunmehr, an irgend einem Punkt der
Entwickelung des Lebens auf Erden, den wir nicht kennen
10 und auf dessen Bestimmung es hier nicht ankommt, etwas
Neues, bis dahin Unerhörtes auf, etwas wiederum, gleich
dem Wesen von Materie und Kraft, und gleich der ersten
Bewegung Unbegreifliches. Der in negativ unendlicher
Zeit angesponnene Faden des Verständnisses zerreisst,[4]
15 und unser Naturerkennen gelangt an eine Kluft, über die
kein Steg, kein Fittig trägt : wir stehen an der anderen
Grenze unseres Witzes.

Dies neue Unbegreifliche ist das Bewusstsein. Ich werde
jetzt, wie ich glaube, in sehr zwingender Weise darthun,
20 dass nicht allein bei dem heutigen Stand unserer Kenntnis
das Bewusstsein aus seinen materiellen Bedingungen nicht
erklärbar ist, was wohl jeder zugiebt, sondern dass es
auch der Natur der Dinge nach aus diesen Bedingungen
nie erklärbar sein wird. Die entgegengesetzte Meinung,
25 dass nicht alle Hoffnung aufzugeben sei, das Bewusstsein
aus seinen materiellen Bedingungen zu begreifen, dass[5]

1. **Bernardin de Saint-Pierre** (1737–1814), in *Voyages aux Isles de
France*, 1773. — 2. **A. von Humboldt** (1769–1859), in *Ideen zu einer
Geographie der Pflanzen nebst einem Naturgemälde der Tropenländer*,
Tübingen : 1807. — 3. Eduard Friedrich **Pöppig** (1798–1868), in *Reise
in Chile und Peru*, Leipzig : 1835.
4. **zerreisst,** ' is broken.'
5. **dass . . . könne,** ' but that in the course of hundreds or thousands
of years, the mind of man, invading the unthought-of realms of understanding, may perhaps succeed.'

dies vielmehr im Laufe der Jahrhunderte oder Jahrtausende dem alsdann in ungeahnte Reiche der Erkenntnis vorgedrungenen Menschengeiste wohl gelingen könne: dies ist der zweite Irrtum, den ich in diesem Vortrage bekämpfen will.

Ich gebrauche dabei absichtlich den Ausdruck 'Bewusstsein,' weil es hier nur um die Thatsache eines geistigen Vorganges irgend einer, sei es der niedersten Art, sich handelt. Man braucht nicht NEWTON oder LEIBNIZ die Infinitesimal-Rechnung erfindend, nicht JAMES WATT vor seinem inneren Auge sein Parallelogramm[1] in Gang setzend, nicht SHAKESPEARE, RAPHAEL, MOZART in der wunderbarsten ihrer Schöpfungen begriffen sich vorzustellen, um das Beispiel eines aus seinen materiellen Bedingungen unerklärbaren geistigen Vorganges zu haben. In der Hauptsache ist die erhabenste Seelenthätigkeit nicht unbegreiflicher aus materiellen Bedingungen, als das Bewusstsein auf seiner ersten Stufe, der Sinnesempfindung. Mit der ersten Regung von Behagen oder Schmerz, die im Beginn des tierischen Lebens auf Erden ein einfachstes Wesen empfand, oder mit der ersten Wahrnehmung einer Qualität, ist[2] jene unübersteigliche Kluft gesetzt, und die Welt nunmehr doppelt unbegreiflich geworden.

Über wenig Gegenstände wurde[3] anhaltender nachgedacht, mehr geschrieben, leidenschaftlicher gestritten, als über Verbindung von Leib und Seele im Menschen. Alle philosophischen Schulen, dazu die Kirchenväter, haben darüber ihre Lehrmeinungen[4] gehabt. Die neuere Philosophie kümmert sich weniger um diese Frage; um so

---

1. **James Watt** (1736–1819), the parallelogram here referred to is the governor of a steam-engine, its shape being always a parallelogram. — 2. **ist . . . gesetzt,** 'that impassable gulf appeared.' 3. **wurde . . . nachgedacht,** 'has there been more persevering reflection.' — 4. **Lehrmeinung,** 'theory.'

reicher sind deren Anfänge im siebzehnten Jahrhundert an Theorien über die Wechselwirkung [1] von Materie und Geist. DESCARTES [2] selber hatte sich die Möglichkeit, diese Wechselwirkung zu begreifen, durch zwei Aufstellungen

5 vorweg abgeschnitten. Erstens behauptete er, dass Körper und Geist verschiedene Substanzen, durch Gottes Allmacht vereinigt, seien, welche, da der Geist als unkörperlich keine Ausdehnung habe, nur in Einem Punkt, und zwar in der sogenannten Zirbeldrüse [3] des Gehirnes, einander berühren.

10 Er behauptete zweitens, dass die im Weltall vorhandene Bewegungsgrösse beständig sei. Je sicherer daraus die Unmöglichkeit zu folgen scheint, dass die Seele Bewegung der Materie erzeuge, um so mehr erstaunt man, wenn nun DESCARTES, um die Willensfreiheit zu retten, die Seele

15 einfach die Zirbeldrüse in dem nötigen Sinne bewegen lässt, damit die tierischen Geister, wir würden sagen, das Nervenprincip, den richtigen Muskeln zuströmen. Umgekehrt die durch Sinneseindrücke erregten tierischen Geister bewegen die Zirbeldrüse, und die mit dieser ver-

20 bundene Seele merkt die Bewegung. [4]

DESCARTES' unmittelbare Nachfolger, CLAUBERG, [5] MALEBRANCHE, [6] GEULINCX, [7] bemühen sich, einen so offenbaren Missgriff zu verbessern. Sie halten fest an der Unmöglichkeit einer Wechselwirkung von Geist und Materie, als von

1. **Wechselwirkung,** 'interaction.'

2. In his *Œuvres, publiées par Cousin*, Paris: 1824, I, pp. 158, 159; *Méditation sixième*, p. 344 ; *Les Principes de la Philosophie*, pp. 102, 151. — 3. **Zirbeldrüse,** ' pineal gland,' supposed by Descartes to be the seat of the soul. — 4. **Descartes**, *Les Passions de l'Ame*, pp. 66, 67, 72, 73 ; *L'Homme*, p. 402.

5. Johann **Clauberg** (1622–1665), *Dictionnaire des Sciences philosophiques*, Paris: 1844, I, p. 523. — 6. Nicolas **Malebranche** (1638–1715), *De la Recherche de la Vérité*, Paris: 1837, I, p. 220. — 7. Arnold **Geulincx** (1625–1669), *Metaphysica vera*, Amsterdam: 1691. See SCHWEGLER, *Geschichte der Philosophie*, Stuttgart: 1870, p. 144.

zwei verschiedenen Substanzen. Um aber zu verstehen,
wie dennoch die Seele den Körper bewege, und umgekehrt
von ihm erregt werde, nehmen sie an, dass das Wollen der
Seele Gott veranlasse, den Körper jedesmal nach Wunsch
der Seele zu bewegen, und dass umgekehrt die Sinnes- 5
eindrücke ihn veranlassen, die Seele jedesmal in Übereinstimmung damit zu verändern. Die *Causa*[1] *efficiens* der
Veränderungen des Körpers durch die Seele und der Seele
durch den Körper ist also stets nur Gott ; das Wollen der
Seele und die Sinneseindrücke sind nur die *Causae*[2] *occa-* 10
sionales für die unaufhörlich erneuten Eingriffe seiner
Allmacht.

LEIBNIZ endlich pflegte dies Problem mittels des von
GEULINCX zuerst darauf angewandten Bildes zweier Uhren[3]
zu erläutern, die gleichen Gang zeigen sollen. Auf dreierlei 15
Art, sagt er, könne dies geschehen. Erstens können beide
Uhren durch Schwingungen, die sie einer gemeinsamen
Befestigung mitteilen, einander so beeinflussen, dass ihr
Gang derselbe werde, wie dies HUYGENS[4] beobachtet habe.
Zweitens könne stets die eine Uhr gestellt werden, um sie 20
in gleichem Gange mit der anderen zu erhalten. Drittens
könne von vorn herein der Künstler so geschickt gewesen
sein, dass er beide Uhren, obschon ganz unabhängig von
einander, gleichgehend gemacht habe. Zwischen Leib
und Seele sei die erste Art der Verbindung anerkannt 25

1. causa efficiens, 'absolute cause.' — 2. causae occasionales, ' con-
temporaneous actions of God and the body.' See UEBERWEG's *History
of Philosophy*, vol. II, pp. 42 and 54.
3. This simile of the synchronous clocks was used by Leibniz
and Descartes. See G. BERTHOLD, in *Monatsberichte der Akad.*, Berlin :
1874, pp. 561–567 ; also ZELLER, *Über Leibniz' Verhältnis zu Geulincx'
Occasionalismus* in *Sitzungsberichte der Akad.*, Berlin : 1884, II, p. 673 ;
also ELLICOT, *On the Reciprocal Influence of two Pendulums*, *Phil.
Trans.*, London : 1739, pp. 126–128. — 4. Christian Huygens (1629–
1695), *Horologium oscillatorium*, Paris : 1673, pp. 18, 19.

unmöglich. Die zweite, der occasionalistischen Lehre entsprechende, sei Gottes unwürdig, den sie als *Deus ex machina* missbrauche. So bleibe nur die dritte übrig, in der man LEIBNIZ' eigene Lehre von der prästabilierten 5 Harmonie wiedererkennt.

Allein diese und ähnliche Betrachtungen sind in den Augen der neueren Naturforschung entwertet und der Wirkung auf die heutigen Ansichten beraubt durch die dualistische Grundlage, auf welche sie, gemäss ihrem halb 10 theologischen Ursprunge, gleich anfangs sich stellen. Ihre Urheber gehen aus von der Annahme einer vom Körper unbedingt verschiedenen geistigen Substanz, der Seele, deren Verbindung mit dem Körper sie untersuchen. Sie finden, dass eine Verbindung beider Substanzen nur durch 15 ein Wunder möglich ist, und dass, auch nach diesem ersten Wunder, ein ferneres Zusammengehen beider Substanzen nicht anders stattfinden kann, als wiederum durch ein entweder stets erneutes oder seit der Schöpfung fortwirkendes Wunder. Diese Folge nun geben sie für eine 20 neue Einsicht aus, ohne hinreichend zu prüfen, ob nicht sie selber vielleicht sich die Seele erst so zurechtgemacht haben, dass eine Wechselwirkung zwischen ihr und dem Körper undenkbar ist. Mit einem Wort, der gelungenste Beweis, dass keine Wechselwirkung von Körper und Seele 25 möglich sei, lässt dem Zweifel Raum, ob nicht die Prämissen willkürliche seien, und ob nicht Bewusstsein einfach als Wirkung der Materie gedacht und vielleicht begriffen werden könne. Für den Naturforscher muss daher der Beweis, dass die geistigen Vorgänge aus ihren materiellen 30 Bedingungen nie zu begreifen sind, unabhängig von jeder Voraussetzung über den Urgrund jener Vorgänge geführt werden.

Ich nenne astronomische Kenntnis eines materiellen Systemes solche Kenntnis aller seiner Teile, ihrer gegenseitigen Lage und ihrer Bewegung, dass ihre Lage und Bewegung zu irgend einer vergangenen und zukünftigen Zeit mit derselben Sicherheit berechnet werden kann, wie Lage und Bewegung der Himmelskörper bei vorausgesetzter unbedingter Schärfe der Beobachtungen und Vollendung 5 der Theorie. Dazu gehört, dass man kenne (1) die Gesetze, nach welchen die zwischen den Teilen des Systemes wirksamen Kräfte sich mit der Entfernung ändern; (2) die Lage der Teile des Systemes in zwei durch ein Zeitdifferential getrennten Augenblicken, oder, was auf das- 10 selbe hinausläuft, die Lage der Teile und ihre[1] nach drei Axen zerlegte Geschwindigkeit zu einer bestimmten Zeit.

Astronomische Kenntnis eines materiellen Systemes ist bei unserer Unfähigkeit, Materie und Kraft zu begreifen, 15 die vollkommenste Kenntnis, die wir von dem System erlangen können. Es ist die, wobei unser Causalitätstrieb[2] sich zu beruhigen gewohnt ist, und welche der LAPLACE'sche Geist selber bei gehörigem Gebrauche seiner Weltformel von dem System besitzen würde. 20

Denken wir uns nun, wir hätten es zur astronomischen Kenntnis eines Muskels, einer Drüse, eines elektrischen oder Leucht-Organes in Verbindung mit den[3] zugehörigen gereizten Nerven, einer Flimmerzelle,[4] einer Pflanze, des Eies in Berührung mit dem Samen oder auf irgend einer 25 Stufe der Entwickelung gebracht. Alsdann besässen wir . also von diesen materiellen Systemen die vollkommenste uns mögliche Kenntnis, unser Causalitätsbedürfnis wäre

---

1. ihre . . . Geschwindigkeit, 'its velocity resolved in the direction of the three axes' (x, y, z).

2. Causalitätstrieb, 'instinct of causality.'

3. den . . . Nerven, 'the nerves excited belonging to them.' — 4. Flimmerzelle, 'ciliary cell,' probably 'ganglion'; the ciliary ganglion is a small sympathetic ganglion situated in the orbit of the eye.

soweit befriedigt, dass wir nur noch verlangten, das Wesen
von Materie und Kraft selber zu begreifen. Muskel-
verkürzung, Absonderung[1] in der Drüse, Schlag des elektrischen, Leuchten des Leucht-Organes, Flimmerbewegung,
5 Wachstum und Chemismus der Zellen in der Pflanze, Befruchtung auf Entwickelung des Eies : alle diese jetzt
noch fast hoffnungslos dunklen Vorgänge wären uns so
durchsichtig, wie die Bewegungen der Planeten.

Machen wir dagegen dieselbe Voraussetzung astrono-
10 mischer Kenntnis für das Gehirn des Menschen, oder auch
nur für das Seelenorgan des niedersten Tieres, dessen
geistige Thätigkeit auf Empfinden von Lust und Unlust
oder auf Wahrnehmung einer Qualität sich beschränken
mag, so wird zwar in Bezug auf alle darin stattfindenden
15 materiellen Vorgänge unser Erkennen ebenso vollkommen
sein und unser Causalitätsbedürfnis ebenso befriedigt sich
fühlen, wie in Bezug auf Zuckung oder Absonderung bei
astronomischer Kenntnis von Muskel und Drüse. Die
unwillkürlichen und nicht notwendig mit Empfindung ver-
20 bundenen Wirkungen der Centralteile, Reflexe,[2] Mitbewegung,[3] Atembewegungen, der Stoffwechsel des Gehirnes und Rückenmarkes u. d. m.[4] wären erschöpfend
erkannt. Auch die mit geistigen Vorgängen der Zeit nach
stets, also wohl notwendig zusammenfallenden materiellen
25 Vorgänge wären ebenso vollkommen durchschaut. Und
es wäre natürlich ein hoher Triumph, wenn wir zu sagen
wüssten, dass bei einem bestimmten geistigen Vorgang in
bestimmten Ganglienzellen und Nervenfasern eine bestimmte Bewegung bestimmter Atome stattfinde. Es wäre
30 grenzenlos interessant, wenn wir so mit geistigem Auge in

1. **Absonderung,** 'secretion.'
2. **Reflex,** 'reflex action.' — 3. **Mitbewegung,** 'simultaneous action.'
— 4. **u. d. m.** = *und dergleichen mehr,* 'and so on.'

uns hineinblickend die[1] zu einem Rechenexempel gehörige
Hirnmechanik sich abspielen sähen wie die Mechanik einer
Rechenmaschine ; oder wenn wir auch nur wüssten, welcher
Tanz von Kohlenstoff-, Wasserstoff-, Stickstoff-, Sauerstoff-,
Phosphor- und anderen Atomen der Seligkeit musikalischen 5
Empfindens, welcher Wirbel solcher Atome dem[2] Gipfel
sinnlichen Geniessens, welcher Molecularsturm dem wüten-
den Schmerz beim Misshandeln des N.[3] trigeminus entspricht. Die Art des geistigen Vergnügens, welche die
durch FECHNER[4] geschaffenen Anfänge der Psychophysik 10
oder DONDERS'[5] Messungen der Dauer einfacherer Seelen-
handlungen uns bereiten, lässt uns ahnen, wie solche unver-
schleierte Einsicht in die materiellen Bedingungen geistiger
Vorgänge uns erbauen würde. Für jetzt wissen wir noch
nicht einmal, ob nur die graue, oder ob auch die weisse 15
Gehirnsubstanz denkt, und ob einem bestimmten Seelen-
zustand eine bestimmte Lage oder eine bestimmte Bewegung
von Hirnatomen oder -Molekeln entspricht.

Was nun aber die geistigen Vorgänge selber betrifft, so
zeigt sich, dass sie bei astronomischer Kenntnis des Seelen- 20
organs uns ganz ebenso unbegreiflich wären, wie jezt. Im
Besitze dieser Kenntnis ständen wir vor ihnen wie heute
als vor einem völlig Unvermittelten. Die astronomische
Kenntnis des Gehirnes, die höchste, die wir davon erlangen
können, enthüllt uns darin nichts als bewegte Materie. 25
Durch keine zu ersinnende Anordnung oder Bewegung

1. die ... sähen, 'could see the play of the brain-machinery while
solving an arithmetical problem.' — 2. dem ... Geniessens, 'to the
climax of sensual enjoyment.' — 3. N. (nervus) trigeminus, 'trigeminus
nerve.' — 4. Gustav Theodor Fechner (born in 1801), in *Elemente der
Psychophysik*, Leipzig : 1860, Teil I, p. 5. — 5. Franz Cornelius Donders
(1818–1889), *Deux Instruments pour la Mesure du Temps nécessaire
pour les Actes physiques*. Archives Néerland., II, 1867, pp. 247–250 ;
III, 1868, 296–317.

materieller Teilchen aber lässt sich eine Brücke in's Reich
. des Bewusstseins schlagen.

Bewegung kann nur Bewegung erzeugen, oder in potentielle Energie zurück sich verwandeln. Potentielle Energie
5 kann nur Bewegung erzeugen, statisches Gleichgewicht
erhalten, Druck oder Zug üben. Die Summe der Energie
bleibt dabei stets dieselbe. Mehr als dies Gesetz bestimmt, kann in der Körperwelt nicht geschehen, auch nicht
weniger; die mechanische Ursache geht rein auf[1] in der
10 mechanischen Wirkung. Die[2] neben den materiellen Vorgängen im Gehirn einhergehenden geistigen Vorgänge ent-
behren also für unseren Verstand des zureichenden Grundes.
Sie stehen ausserhalb des Causalgesetzes, und schon darum
sind sie nicht zu verstehen, so wenig, wie ein *Mobile per-*
15 *petuum* es wäre. Aber auch sonst sind sie unbegreiflich.

Es scheint zwar bei oberflächlicher Betrachtung, als
könnten durch die Kenntnis der materiellen Vorgänge im
Gehirn gewisse geistige Vorgänge und Anlagen uns verständlich werden. Ich rechne dahin das Gedächtnis, den
20 Fluss und die Association der Vorstellungen, die Folgen
der Übung, die specifischen Talente u. d. m. Das geringste
Nachdenken lehrt, dass dies Täuschung ist. Nur über
gewisse innere Bedingungen des Geisteslebens, welche[3]
mit den äusseren durch die Sinneseindrücke gesetzten etwa
25 gleichbedeutend sind, würden wir unterrichtet sein, nicht
über das Zustandekommen des Geisteslebens durch diese
Bedingungen.

Welche denkbare Verbindung besteht zwischen bestimmten Bewegungen bestimmter Atome in meinem Gehirn

---

1. **geht rein auf in,** 'is exactly equal to.' — 2. **Die . . . Vorgänge,**
'The mental phenomena, which are going on in the brain accompanying
material phenomena.'

3. **welche . . . sind,** 'which are approximately of equal significance
with the external conditions created by the sense impressions.'

einerseits, andererseits den für mich ursprünglichen, nicht
weiter definierbaren, nicht wegzuleugnenden Thatsachen:
"Ich fühle Schmerz, fühle Lust, fühle warm, fühle kalt;
"ich schmecke Süsses, rieche Rosenduft, höre Orgelton,
"sehe Rot," und der ebenso unmittelbar daraus fliessenden 5
Gewissheit : "Also bin ich"?[1] Es ist eben durchaus und
für immer unbegreiflich, dass es einer Anzahl von Kohlen-
stoff-, Wasserstoff-, Stickstoff-, Sauerstoff- u. s. w. Atomen
nicht sollte gleichgültig sein, wie sie liegen und sich bewegen, wie sie lagen und sich bewegten, wie sie liegen 10
und sich bewegen werden. Es ist in keiner Weise einzu-
sehen, wie aus ihrem Zusammenwirken Bewusstsein entstehen könne. Sollte ihre Lagerungs- und Bewegungsweise
ihnen nicht gleichgültig sein, so müsste[2] man sie sich
nach Art der Monaden schon einzeln mit Bewusstsein 15
ausgestattet denken. Weder wäre damit das Bewusstsein
überhaupt erklärt, noch für die Erklärung des einheitlichen[3]
Bewusstseins des Individuums das Mindeste gewonnen.
    Es ist also grundsätzlich unmöglich, durch irgend eine
mechanische Combination zu erklären, warum ein Accord 20
KÖNIG'scher[4] Stimmgabeln mir wohl-, und warum Berührung
mit glühendem Eisen mir wehthut. Kein mathematisch
überlegender Verstand könnte aus astronomischer Kenntnis
des materiellen Geschehens in beiden Fällen *a priori* be-
stimmen, welcher der angenehme und welcher der schmerz- 25
hafte Vorgang sei. Dass es vollends unmöglich sei, und
stets bleiben werde, höhere geistige Vorgänge aus der als
bekannt vorausgesetzten Mechanik der Hirnatome zu ver-

---

1. **Also bin ich;** Descartes' "Je pense, donc je suis." See DES-
CARTES, *Œuvres*, I, p. 158; *Principes de la Philosophie*, II, p. 67. — 2.
müsste . . . denken, 'one would have to imagine each possessed of a
consciousness of its own as (Leibniz did) with (his) monads.' — 3. einheitlich, 'unitary.'
    4. **König,** refers to RUDOLPH KÖNIG, the famous maker of acoustic
apparatus. See *Sound and Music*, by J. A. ZAHM, Chicago, 1892.

stehen, bedarf nicht der Ausführung. Doch ist, wie schon
bemerkt, gar nicht nötig, zu höherên Formen geistiger
Thätigkeit zu greifen, um das Gewicht unserer Betrachtung
zu verstärken. Sie gewinnt gerade an Eindringlichkeit
5 durch den Gegensatz zwischen der vollständigen Unwissenheit, in welcher astronomische Kenntnis des Gehirnes uns [1]
über das Zustandekommen auch der niedersten geistigen
Vorgänge liesse, und der durch solche Kenntnis gewährten
ebenso vollständigen Enträtselung der höchsten Probleme
10 der Körperwelt.
  Ein aus irgend einem Grunde bewusstloses, z. B. ohne
Traum schlafendes Gehirn, astronomisch durchschaut, ent-
hielte kein Geheimnis mehr, und bei astronomischer Kenntnis auch des übrigen Körpers wäre die ganze menschliche
15 Maschine, mit ihrem Atmen, ihrem Herzschlag, ihrem Stoffwechsel, ihrer Wärme, u. s. f., bis auf das Wesen von Materie
und Kraft völlig entziffert. Der traumlos Schlafende ist
begreiflich, so weit wie die Welt, ehe es Bewusstsein gab.
Wie aber mit der ersten Regung von Bewusstsein die Welt
20 doppelt unbegreiflich ward, so wird auch der Schläfer es
wieder mit dem ersten ihm dämmernden Traumbild.
  Der unlösliche Widerspruch, in welchem die mechanische
Weltanschauung mit der Willensfreiheit, und dadurch unmittelbar mit der Ethik steht, ist sicher von grosser Be-
25 deutung. Der Scharfsinn der Denker aller Zeiten hat sich
daran erschöpft, und wird fortfahren, daran sich zu üben.
Abgesehen davon, dass Freiheit sich leugnen lässt, Schmerz
und Lust nicht, geht [2] dem Begehren, welches den Anstoss
zum Handeln und somit erst Gelegenheit zum Thun oder
30 Lassen giebt, notwendig Sinnesempfindung voraus. Es ist

  1. uns ... liesse, 'leaves us with regard to the origin of even the
lowest mental phenomena.'
  2. geht dem Begehren ... notwendig Sinnesempfindung voraus,
'sense perception necessarily precedes desire.'

also das Problem der Sinnesempfindung, und nicht, wie ich einst sagte,[1] das der Willensfreiheit, bis zu dem die analytische Mechanik reicht.

Damit ist die andere Grenze unseres Naturerkennens bezeichnet. Nicht minder als die erste ist sie eine un- 5 bedingte. Nicht mehr als im Verstehen von Kraft und Materie hat im Herleiten geistiger Vorgänge aus materiellen Bedingungen die Menschheit seit zweitausend Jahren, trotz allen Entdeckungen der Naturwissenschaft, einen wesentlichen Fortschritt gemacht. Sie wird es nie. Sogar der 10 LAPLACE'sche Geist mit seiner Weltformel gliche in seinen Anstrengungen, über diese Schranke sich fortzuheben, einem nach dem Monde trachtenden Luftschiffer. In seiner aus bewegter Materie aufgebauten Welt regen sich zwar die Hirnmolekeln wie in stummem Spiel. Er über- 15 sieht ihre Scharen, er durchschaut ihre Verschränkungen,[2] und Erfahrung lehrt ihn ihre Geberde dahin auslegen, dass sie diesem oder jenem geistigen Vorgang entspreche ; aber warum sie dies thue, weiss er nicht. Zwischen bestimmter Lage und Bewegung gewisser Atome eigenschafts 20 loser Materie in der Sehsinnsubstanz und dem Sehen ist so wenig Beziehung wie zwischen einem ähnlichen Hergang in der Gehörsinnsubstanz und dem Hören, einem dritten in der Geruchsinnsubstanz und dem Riechen u. s. w., und darum bleibt, wie wir vorhin sahen, die objective 25 Welt des LAPLACE'schen Geistes eigenschaftslos.

An ihm haben wir das Mass unserer eigenen Befähigung oder vielmehr unserer Ohnmacht. Unser Naturerkennen ist also eingeschlossen zwischen den beiden Grenzen,[3] welche die Unfähigkeit, einerseits Materie und Kraft zu 30

1. In *Untersuchungen über tierische Elektricität*, Berlin : 1848, Band I, pp. xxv, xxvi.
2. Verschränkungen, 'combinations.'
3. Grenzen stecken, 'to establish barriers.'

verstehen, andererseits geistige Vorgänge aus materiellen
Bedingungen herzuleiten, ihm ewig steckt. Innerhalb
dieser Grenzen ist der Naturforscher Herr und Meister,
zergliedert er und baut er auf, und Niemand weiss, wo
5 die Schranke seines Wissens und seiner Macht liegt; über
diese Grenzen hinaus kann er nicht, und wird er niemals
können.

Je unbedingter[1] aber der Naturforscher die ihm ge-
steckten Grenzen anerkennt, und je demütiger er in[2] seine
10 Unwissenheit sich schickt, um so tiefer fühlt er das Recht,
mit voller Freiheit, unbeirrt durch Mythen, Dogmen und
alterstolze[3] Philosopheme, auf dem Wege der Induction
seine eigene Meinung über die Beziehung zwischen Geist
und Materie sich zu bilden.

15 Er sieht in tausend Fällen materielle Bedingungen das
Geistesleben beeinflussen. Seinem unbefangenen Blicke
zeigt sich kein Grund zu bezweifeln, dass wirklich die
Sinneseindrücke sich der sogenannten Seele mitteilen.
Er sieht den menschlichen Geist gleichsam mit dem Ge-
20 hirne wachsen, und, nach der empiristischen Theorie, die
wesentlichen Formen seines Denkens sogar erst durch
äussere Wahrnehmungen sich aneignen. Im Schlaf und
Traum ; in der Ohnmacht, dem Rausch und der Narkose ;
in der Epilepsie, dem Wahn- und Blödsinn, dem Cretinis-
25 mus[4] und der Mikrocephalie[5]; in der Inanition, dem
Fieber, dem Delirium, der Entzündung des Gehirns und
seiner Häute, genug in unzähligen teils noch in die Breite
der Gesundheit fallenden, teils krankhaften Zuständen zeigt
sich dem Naturforscher die geistige Thätigkeit abhängig
30 von der dauernden oder vorübergehenden Beschaffenheit

---

1. **unbedingter,** 'more unconditionally.' — 2. **in . . . sich schickt,**
'resigns himself to.' — 3. **alterstolz,** 'time-honored.'
　　4. **Cretinismus,** 'cretinism,' from Fr. *crétin*, 'a stupid fellow,' hence
'idiocy.' — 5. **Mikrocephalie,** 'microcephalia,' 'small head,' or 'idiocy.'

des Seelenorgans. Durch kein theologisches Vorurteil wird er wie DESCARTES verhindert, in den Tierseelen der [1] Menschenseele verwandte, stufenweise minder vollkommene Glieder einer und derselben Entwickelungsreihe zu erblicken. Vielmehr halten bei den Wirbeltieren [2] die Hirn- 5 teile, in welche auch physiologische Versuche und pathologische Erfahrungen den Sitz höherer Geistesthätigkeit verlegen, ihrer Entwickelung nach gleichen Schritt mit der Steigerung dieser Thätigkeit. Wo von den anthropoïden Affen zum Menschen die geistige Befähigung den [3] 10 durch den Besitz der Sprache bezeichneten Sprung macht, findet sich ein entsprechender Sprung der Hirnmasse vor. Die verschiedene Anordnung derselben Elementarteile, Ganglienzellen und Nervenfasern, bei Wirbeltieren und Wirbellosen belehrt aber den Naturforscher, dass es hier 15 wie ·bei anderen Organen weniger auf die Architektur, als auf die Structurelemente ankommt. Mit ehrfurchtsvollem Staunen betrachtet er das mikroskopische Klümpchen [4] Nervensubstanz, welches der Sitz der arbeitsamen, baulustigen,[5] ordnungliebenden, pflichttreuen, tapferen Ameisen- 20 seele ist.[6] Endlich die Descendenztheorie im Verein mit der Lehre von der natürlichen Zuchtwahl drängt ihm die Vermutung auf, dass die Seele als allmähliches Ergebnis gewisser materieller Combinationen entstanden und vielleicht gleich anderen erblichen, im [7] Kampf um's Dasein 25 dem Einzelwesen nützlichen Gaben durch eine zahllose Reihe von Geschlechtern sich gesteigert und vervollkommet habe.

1. der Menschenseele verwandte ... Glieder, 'members akin to the human soul.' — 2. Wirbeltieren, 'vertebrates.' — 3. den ... Sprung, 'the leap indicated by the power of speech.' — 4. Klümpchen, 'diminutive body.' — 5. baulustig, 'constructive.' — 6. See DARWIN, *The Descent of Man*, London : 1871, vol. I, p. 145. — 7. im ... nützlichen, 'useful to the individual in the struggle for existence.'

Wenn nun die alten Denker jede Wechselwirkung
zwischen Leib und Seele, wie sie letztere sich vorstellten,
als unverständlich und unmöglich erkannten, und wenn
nur durch præstabilierte Harmonie das Rätsel des dennoch
5 stattfindenden Zusammengehens beider Substanzen zu lösen
ist, so wird wohl die Vorstellung, die sie, in[1] Schulbegriffen
befangen, von der Seele sich machten, falsch gewesen sein.
Die Notwendigkeit einer der Wirklichkeit so offenbar zu-
widerlaufenden Schlussfolge ist gleichsam ein apagogischer[2]
10 Beweis gegen die Richtigkeit der[3] dazu führenden Voraussetzung. Um bei dem ʻUhrengleichnisʼ stehen zu bleiben,
sollte nicht die einfachste Lösung der Aufgabe die von
LEIBNIZ vorweg verworfene vierte Möglichkeit sein, dass
die beiden Uhren, deren Zusammengehen erklärt werden
15 soll, im Grunde nur eine sind? Ob wir die geistigen Vorgänge aus materiellen Bedingungen je begreifen werden,
ist eine Frage ganz verschieden von der, ob diese Vorgänge
das Erzeugnis materieller Bedingungen sind. Jene Frage
kann verneint werden, ohne[4] dass über diese etwas aus-
20 gemacht, geschweige auch sie verneint würde.
An der oben angeführten Stelle sagt LEIBNIZ, der dem
menschlichen Geist unvergleichlich überlegene, aber endliche Geist, dem er Sinne und technisches Vermögen von
entsprechender Vollkommenheit zuschreibt, könnte einen
25 Körper bilden, der die Handlungen eines Menschen nachmachte. Dass er einen Menschen bilden könnte, sagt
er offenbar deshalb nicht, weil in seinem Sinne dem
Automaten von Fleisch und Bein, den er, wie DESCARTES
die Tiere, sich seelenlos vorstellt, zum Menschen noch

---

1. in . . . befangen, ʻwith scholastic prejudices.ʼ — 2. apagogisch,
ʻapagogical,ʼ or ʻindirect,ʼ the demonstration of a proposition by the
refutation of its opposite. — 3. der, etc., ʻof the premises.ʼ — 4. ohne
. . . würde, ʻwithout affecting the latter, to say nothing of negating it.ʼ

die mechanisch[1] unfassbare Seelenmonade fehlen würde. Unsere Vorstellung von der Beziehung zwischen Materie und Geist wird aber durch etwas weitere Ausführung dieser LEIBNIzischen Fiction besonders klar. Man denke sich alle Atome, aus denen CÆSAR in einem gegebenen Augen- 5 blick, am[2] Rubicon etwa, bestand, durch mechanische Kunst mit Einem Schlage jedes an seinen Ort gebracht und mit seiner Geschwindigkeit im richtigen Sinne ver- sehen. Nach unserer Anschauung wäre dann CÆSAR geistig wie körperlich wieder hergestellt. Der künstliche CÆSAR 10 hätte im ersten Augenblick dieselben Empfindungen, Strebungen, Vorstellungen wie sein Vorbild am Rubicon und teilte mit ihm seine Gedächtnisbilder, ererbten[3] und erworbenen Fähigkeiten u. s. f. Man denke sich das gleiche Kunststück zu gleicher oder auch zu verschiedener 15 Zeit mit einer gleichen Zahl anderer Kohlenstoff, Wasser- stoff- u. s. w. Atome ein, zwei, mehrere Mal ausgeführt. Worin sonst unterschieden sich im ersten Augenblick der neue CÆSAR und seine Doppelgänger,[4] als in dem Ort, an dem sie wären zusammengesetzt worden? Aber der von 20 LEIBNIZ gedachte Geist, der den neuen CÆSAR und seine mehreren SOSIA[5] gebildet hätte, verstände gleichwohl nicht, wie die[6] von ihm selber richtig angeordneten und im

---

1. **mechanisch . . . Seelenmonade,** 'mechanically incomprehensible soul-monad.' — 2. **am . . . etwa,** 'as he stood on the Rubicon, for in- stance.' — 3. **ererbt und erworben,** 'inherited and transmitted.' — 4. **Doppelgänger,** 'duplicate.' — 5. **Sosia,** 'living double' or 'duplicate.' According to the legend, Jupiter assumed the likeness of Amphitryon, and upon the latter's return during a banquet given by the former arose the question as to who was host and who was the husband of Alcmena. See Plautus's play *Amphitrus*, Molière's *Amphitryon*, and the plays of like name by Dryden and Kleist; reference is also made to this tale in the *Alcestis* of Euripides. — 6. **die . . . Atome,** 'the atoms he had rightly put in order and endowed with proper motion.'

richtigen Sinne mit der richtigen Geschwindigkeit fort-
geschnellten Atome deren Seelenthätigkeit vermitteln.

Man erinnert sich Hrn. CARL VOGT's[1] kecker Behauptung,
welche in[2] den fünfziger Jahren zu einer Art von Turnier
5 um die Seele Anlass gab : "dass alle jene Fähigkeiten, die
"wir unter dem Namen Seelenthätigkeiten begreifen, nur
"Funktionen des Gehirns sind, oder, um es einigermassen
"grob auszudrücken, dass die Gedanken etwa in demselben
"Verhältnisse zum Gehirn stehen, wie die Galle zu der
10 "Leber oder der Urin zu den Nieren." Die Laien[3] stiessen
sich an diesem Vergleiche, der im Wesentlichen schon bei
CABANIS[4] sich findet, weil ihnen die Zusammenstellung der
Gedanken mit der Absonderung der Nieren entwürdigend
schien. Die Physiologie kennt indess solche ästhetischen
15 Rangunterschiede[5] nicht. Ihr ist die Nierenabsonderung
ein wissenschaftlicher Gegenstand von ganz gleicher Würde
mit der Erforschung des Auges oder Herzens oder sonst
eines der gewöhnlich sogenannten edleren Organe. Auch
das ist am 'Secretionsgleichnis' schwerlich zu tadeln, dass
20 darin die Seelenthätigkeit als Erzeugnis der materiellen
Bedingungen im Gehirn hingestellt wird. Fehlerhaft[6] dagegen erscheint, dass es die Vorstellung erweckt, als sei
die Seelenthätigkeit aus dem Bau des Gehirnes ihrer Natur
nach so begreiflich, wie bei hinreichend vorgeschrittener
25 Kenntnis die Absonderung aus dem Bau der Drüse es sein
würde.

Wo es an den materiellen Bedingungen für geistige
Thätigkeit in Gestalt eines Nervensystemes gebricht, wie

1. Carl Vogt (1817–1895), *Physiologische Briefe*, Giessen: 1847, p. 206.
— 2. in ... Jahren, 'in the fifties.' — 3. Laien, 'laity,' 'unscientific
public.' — 4. Pierre Jean George Cabanis (1757–1808), *Rapports du
Physique et du Moral de l'Homme*, Paris : 1805, I, p. 152. — 5. Rang-
unterschied, 'difference of rank.' — 6. Fehlerhaft dagegen erscheint,
'on the other hand, its fault appears to be.'

in den Pflanzen, kann der Naturforscher ein Seelenleben
nicht zugeben, und nur selten stösst er hierin auf Widerspruch. Was aber wäre ihm zu erwidern, wenn er, bevor
er in die Annahme einer Weltseele willigte, verlangte, dass
ihm irgendwo in der Welt, in Neuroglia[1] gebettet, mit 5
warmem arteriellem Blut unter richtigem Drucke gespeist,
und mit angemessenen Sinnesnerven und Organen versehen, ein[2] dem geistigen Vermögen solcher Seele an
Umfang entsprechendes Convolut von Ganglienzellen und
Nervenfasern gezeigt würde? 10
Schliesslich entsteht die Frage, ob die beiden Grenzen
unseres Naturerkennens nicht vielleicht die nämlichen
seien, d. h. ob, wenn wir das Wesen von Materie und
Kraft begriffen, wir nicht auch verständen, wie die ihnen zu
Grunde liegende Substanz unter bestimmten Bedingungen 15
empfindet, begehrt und denkt. Freilich ist diese Vorstellung die einfachste, und nach bekannten Forschungs-
grundsätzen bis[3] zu ihrer Widerlegung der vorzuziehen,
wonach, wie vorhin gesagt wurde, die Welt doppelt unbegreiflich erscheint. Aber es liegt in der Natur der Dinge, 20
dass wir auch in diesem Punkte nicht zur Klarheit kommen,
und alles weitere Reden darüber bleibt müssig.
Gegenüber den Rätseln der Körperwelt ist der Naturforscher längst gewöhnt, mit männlicher Entsagung sein
'*Ignoramus*'[4] auszusprechen. Im Rückblick auf die durch- 25
laufene siegreiche Bahn trägt ihn dabei das stille Bewusstsein, dass, wo er jetzt nicht weiss, er wenigstens unter

1. **Neuroglia :** a term given by Virchow to the delicate tissue which
surrounds and supports the brain and spinal cord. — 2. **ein . . . Nervenfasern,** 'a system of ganglia and nerves corresponding in extent to the
mental power of such a soul.'
3. **bis . . . Widerlegung,** 'until it is disproved.'
4. **Ignoramus,** 'we do not know'; *ignorabimus,* 'we shall not (or
'never') know.'

Umständen wissen könnte, und dereinst vielleicht wissen
wird. Gegenüber dem Rätsel aber, was Materie und Kraft
seien, und wie sie zu denken vermögen, muss er ein für
allemal zu dem viel schwerer abzugebenden Wahrspruch
5 sich entschliessen :

' *Ignorabimus.*'

Die sieben Welträtsel.

VORTRAG

gehalten in der öffentlichen Sitzung der Königlichen Akademie der
Wissenschaften zu Berlin zur Feier des LEIBNIZischen
Jahrestages am 8. Juli 1880.

Je ratifie aujourd'hui cette confession avec d'autant plus d'empressement, qu'ayant
depuis ce temps beaucoup plus lu, beaucoup plus médité, et étant plus instruit, je suis plus
en état d'affirmer que je ne sais rien.[1]

DICTIONNAIRE PHILOSOPHIQUE.

J'ose dire pourtant que je n'ai mérité
Ni cet excès d'honneur, ni cette indignité.[2]

BRITANNICUS.

ALS ich vor acht Jahren übernommen hatte, in öffent-
licher Sitzung der Versammlung Deutscher Naturforscher
und Ärzte einen Vortrag zu halten, zögerte ich lange bis
ich mich entschloss, die Grenzen des Naturerkennens zu
meinem Gegenstande zu wählen. Die Unmöglichkeit, 5
einerseits das Wesen von Materie und Kraft zu begreifen,

1. This first motto ingeniously shows Du Bois-Reymond's adherence
to his views as expressed in the *Grenzen des Naturerkennens.* After
many years of thought and research he asserts his belief in Socratic
philosophy (Plato's Ἀπολογία Σωκράτους); Ignorabimus = je suis plus
en état d'affirmer que je ne sais rien. Compare also Goethe's *Faust,*
lines 364, 365 :

> Und sehe, dass wir nichts wissen können!
> Das will mir schier das Herz verbrennen.

2. The second motto turns against those who raised his philosophy to
the stars, and those who vainly attempted to destroy the bulwark of his
inferences and conclusions. The citation is from Racine's masterwork.

andererseits das Bewusstsein auch[1] auf niederster Stufe mechanisch zu erklären, erschien mir eigentlich als triviale Wahrheit. Dass man mit Atomistik, Dynamistik, stetiger Ausfüllung des Raumes in gleicher Weise in[2] die Brüche 5 gerate, ist eine alte Erfahrung, an welcher keine Entdeckung der Naturwissenschaft etwas zu ändern vermochte. Dass durch keine Anordnung und Bewegung von Materie auch nur einfachste Sinnesempfindung verständlich werde, haben längst vortreffliche Denker erkannt. Wohl wusste 10 ich, dass über letzteren Punkt falsche Begriffe weit verbreitet seien; fast aber schämte ich mich, den Deutschen Naturforschern so abgestandenen[3] Trunk zu schenken, und · nur durch die Neuheit meiner Beweisführung[4] hoffte ich Teilnahme zu erwecken. 15 Der Empfang, der meiner Auseinandersetzung wurde, zeigte mir, dass ich mich in der Sachlage getäuscht hatte. Dem anfangs kühl aufgenommenen Vortrage widerfuhr bald die Ehre, Gegenstand zahlreicher Besprechungen zu werden, in denen eine grosse Mannigfaltigkeit von Stand- 20 punkten sich kundgab. Die Kritik schlug alle Töne vom freudig zustimmenden Lobe bis zum wegwerfendsten[5] Tadel an, und das Wort '*Ignorabimus*,' in welchem meine Untersuchung gipfelte, ward förmlich zu einer Art von naturphilosophischem Schiboleth.[6] 25 Die durch meinen Vortrag in der deutschen Welt hervorgebrachte Erregung lässt die philosophische Bildung

---

1. auch, 'even.' — 2. in . . . gerate, 'should fail.' — 3. abgestanden, 'stale.' — 4. Beweisführung, 'dissertation.'

5. wegwerfendst, 'most contemptuous.' — 6. Schiboleth, 'shibboleth' — a Hebrew word which was used by Jephthah, one of the judges of Israel, as a test-word by which to distinguish the fleeing Ephraimites (who could not pronounce the *sh* in *shibboleth*) from his own Gileadites. See Judges xii. 4-6. Hence the word signifies a test-word or pet phrase of any sect or school.

der Nation, auf welche wir gewohnt sind, uns[1] etwas zu
gute zu thun, in keinem günstigen Licht erscheinen. So
schmeichelhaft es mir war, meine Darlegung als KANT'sche
That gepriesen zu sehen, ich muss diesen Ruhm zurück-
weisen. Wie bemerkt, meine Aufstellungen enthielten 5
nichts, was bei einiger Belesenheit in älteren philosophischen Schriften nicht jedem bekannt sein konnte, der sich
darum kümmerte. Aber seit der Umgestaltung[2] der Philosophie durch KANT hat diese Disciplin einen so esoterischen
Charakter angenommen ; sie hat die Sprache des gemeinen 10
Menschenverstandes und der schlichten[3] Überlegung so
verlernt ; sie ist den Fragen, die den unbefangenen Jünger
am tiefsten bewegen, so weit ausgewichen, oder sie hat
sie so sehr von oben herab als unberufene[4] Zumutungen
behandelt ; sie hat sich endlich der neben ihr empor- 15
wachsenden neuen Weltmacht, der Naturwissenschaft, lange
so feindselig gegenübergestellt : dass nicht zu verwundern
ist, wenn, namentlich unter Naturforschern, das Andenken
selbst an ganz thatsächliche Ergebnisse aus früheren Tagen
der Philosophie verloren ging. 20
Einen Teil der Schuld trägt wohl der Umstand, dass die
neuere Philosophie zur positiven Religion meist in einem
negierenden, mindestens in keinem klaren Verhältnis sich
befand, und dass sie, bewusst oder unbewusst, vermied,
sich über gewisse Fragen unumwunden auszusprechen, wie 25
dies beispielsweise LEIBNIZ konnte, welcher vor keinem
Kirchentribunal etwas zu verbergen gehabt hätte. Die
Philosophie soll hier dafür weder gelobt noch getadelt
werden ; aber so kommt es, dass bei den Philosophen von
der Mitte des vorigen Jahrhunderts an die packendsten[5] 30

1. uns ... thun, ' to be proud.' — 2. Umgestaltung, ' transformation.'
— 3. schlichte Überlegung, ' simple thought.' — 4. unberufene Zumutungen, ' unjustified claims.'
5. packendst, ' most attractive,' *lit.* ' taking hold of one.'

Probleme der Metaphysik sich nicht unverhohlen, wenigstens nicht in einer dem inductiven Naturforscher zu-
sagenden[1] Sprache, aufgestellt und erörtert finden. Auch
das möchte einer der Gründe sein, warum die Philo-
5 sophie so vielfach als gegenstandslos und unerspriess-
lich bei Seite geschoben wird, und warum jetzt, wo die
Naturwissenschaft selber an manchen Punkten beim Philosophieren ͵angelangt ist, oft solch ein Mangel an Vorbe-
griffen,[2] solche Unwissenheit im wirklich Geleisteten[3] sich
10 zeigt.

Denn während von der einen Seite mein Verdienst weit
überschätzt wurde, rief man von der anderen Anathema
über mich, weil ich dem menschlichen Erkenntnisvermögen
unübersteigliche Grenzen zog.[4] Man konnte nicht be-
15 greifen, warum nicht das Bewusstsein in derselben Art
verständlich sein sollte, wie Wärmeentwickelung bei chemi-
scher Verbindung, oder Elektricitätserregung in der galva-
nischen Kette. Schuster[5] verliessen ihren Leisten und
rümpften die Nase über "das fast[6] nach consistorialrätlicher
20 "Demut schmeckende Bekenntnis des '*Ignorabimus*,' wo-
"durch das Nichtwissen[7] in Permanenz erklärt werde."
Fanatiker dieser Richtung, die es besser wissen konnten,
denuncierten mich als[8] zur schwarzen Bande gehörig,

---

1. zusagend, 'acceptable.' — 2. Vorbegriff, 'fundamental idea.' —
3. das Geleistete, participle used as a substantive, ˙achievement.'
4. zog, 'assigned.' — 5. Pliny relates that Apelles having once
accepted correction from a shoemaker about a wrongly painted boot in
one of his pictures, he declined further criticism from him with the observation which has since become a proverb, *Ne supra crepidam sutor
judicaret* (*Nat. Hist.*, xxxv. 84). — 6. fast . . . schmeckende, 'almost
smacking of the humility of a consistorial councilor.' — 7. Nichtwissen . . . werde, 'ignorance was declared permanent.' — 8. als . . .
gehörig, 'as belonging to the black band,' that is the clericals; referring to the central party in German politics, then under the leadership
of Windhorst.

und zeigten auf's neue, wie nah bei einander Despotismus
und äusserster Radicalismus wohnen. Gemässigtere Köpfe
verrieten doch bei dieser Gelegenheit, dass es mit ihrer
Dialektik schwach bestellt sei. Sie glaubten etwas anderes
zu sagen als ich, wenn sie meinem '*Ignorabimus*' ein 'Wir 5
'werden wissen' unter der Bedingung entgegensetzten, dass
"wir als endliche Menschen, die wir sind, uns mit mensch-
"licher Einsicht bescheiden."[1] Oder sie vermochten nicht
den Unterschied zu erfassen zwischen der Behauptung, die
ich widerlegte: Bewusstsein kann mechanisch erklärt wer- 10
den, und der Behauptung, die ich nicht bezweifelt, vielmehr durch zahlreiche Gründe gestützt hatte: Bewusstsein
ist an materielle Vorgänge gebunden.

Schärfer sah DAVID FRIEDRICH STRAUSS.[2] Der grosse
Kritiker hatte spät die Wandlung durchgemacht, welche 15
gewisse Naturen früher nicht selten in der Jugend rasch
durchliefen, vom theologischen Studium zur Naturwissenschaft. Der Naturforscher von Fach mag von den Auseinan-
dersetzungen zweiter Hand gering denken, in denen der
Verfasser 'des alten und des neuen Glaubens' vielleicht 20
etwas zu sehr sich gefällt. Dem Ethiker, Juristen, Lehrer,
Arzte mag die etwas gewaltsame Folgerichtigkeit bedenk-
lich scheinen, mit welcher STRAUSS seine Weltanschauung
in's Leben einzuführen versucht. Wenn ich selber einmal an dieser Stelle mich in diesem Sinn gegen ihn 25
wandte, so bewundere ich nicht minder die Geistes-
kraft und Charakterstärke, welche diesen zugleich künst-
lerisch so begabten Meister des Gedankens in die Mitte
der alten Welträtsel trugen, die er freilich auch nicht
löst, aber doch ohne jede irdische Scheu beim Namen 30
nennt.

1. **sich bescheiden mit** . . ., 'be satisfied with . . .'
2. **D. F. Strauss's** (1808–1874) *Leben Jesu*, appeared in 1835.

STRAUSS entging es nicht, dass ich mich den geistigen
Vorgängen[1] gegenüber durchaus auf den Standpunkt des
inductiven Naturforschers gestellt hatte, der den Prozess
nicht vom Substrat trennt, an welchem er den Prozess
5 kennen lernte, und der an das Dasein des vom Substrat
gelösten Prozesses ohne zureichenden Grund nicht glaubt.
Etwas erfahrener in verschlungenen[2] Gedankenwegen, und
an abstractere Ausdrucksweise gewöhnt, verstand er natürlich den Unterschied zwischen jenen beiden Behauptungen.
10 STRAUSS und LANGE,[3] der zu früh der Wissenschaft ent-
rissene Verfasser der 'Geschichte des Materialismus,' überhoben[4] mich der Mühe den Jubel derer, welche in mir
einen Vorkämpfer des Dualismus[5] erstanden wähnten, mit
dem Spruche niederzuschlagen : "Und wer mich nicht ver-
15 "stehen kann, der lerne besser lesen."
Aber auch STRAUSS tadelte merkwürdigerweise meinen
Satz von der Unbegreiflichkeit des Bewusstseins aus
mechanischen Gründen. Er sagt : "Drei Punkte sind es
"bekanntlich in der aufsteigenden Entwickelung der Natur,
20 "an denen vorzugsweise der Schein des Unbegreiflichen
"haftet. Es sind die drei Fragen : wie ist das Lebendige
"aus dem Leblosen, wie das Empfindende aus dem Em-
"pfindungslosen, wie das Vernünftige aus dem Vernunft-
"losen hervorgegangen? Der Verfasser der 'Grenzen des
25 "Naturerkennens' hält das erste der drei Probleme, A,
"den Hervorgang des Lebens, für lösbar. Die Lösung des
"dritten Problems C, der Intelligenz und Willensfreiheit,

1. Vorgänge, 'phenomena,' 'processes.' — 2. verschlungene Ge-
dankenwege,' tortuous mazes of thought.' — 3. Friedrich Albert Lange
(1828-1875), philosopher and economist; his Geschichte des Materialismus und Kritik seiner Bedeutung in der Gegenwart first appeared in 1866.
— 4. überhoben mich der Mühe, 'saved me the trouble.' — 5. Dualismus, 'dualism' — a form of philosophy which holds to two irreducible
substances or principles as necessary to an explanation of the universe.

"bahnt[1] er sich, wie es scheint, dadurch an, dass er es
"im engsten Zusammenhange mit dem zweiten, die Ver-
"nunft nur als höchste Stufe des schon mit der Empfindung
"gegebenen Bewusstseins fasst. Das zweite Problem, B,
"das der Empfindung,· hält er dagegen für unlösbar. Ich   5
"gestehe, mir könnte noch eher einleuchten, wenn Einer
"sagte : unerklärlich ist und bleibt A, nämlich das Leben ;
"ist aber einmal das gegeben, so folgt von selber, d. h.
"mittels natürlicher Entwickelung, B und C, nämlich Em-
"pfinden und Denken. Oder meinetwegen auch. umge-   10
"kehrt : A und B lassen sich noch begreifen, aber am
"C, am Selbstbewusstsein, reisst unser Verständnis ab.
"Beides, wie gesagt, erschiene mir noch annehmlicher, als
"dass gerade die mittlere Station allein die unpassierbare
"sein soll."   15
So weit STRAUSS. Ich bedaure es aussprechen zu
müssen, aber er hat den Nerven meiner Betrachtung nicht
erfasst. Ich nannte astronomische Kenntnis eines materiellen Systemes solche Kenntnis, wie wir sie vom Planetensystem hätten, wenn alle Beobachtungen unbedingt richtig,   20
alle Schwierigkeiten der Theorie völlig besiegt wären. Besässen wir astronomische Kenntnis dessen, was innerhalb
eines noch so rätselhaften Organes des Tier- oder Pflanzen-
leibes vorgeht, so wäre in Bezug auf dies Organ unser
Causalitätsbedürfnis[2] so befriedigt, wie in Bezug auf das   25
Planetensystem, d. h. soweit es die Natur unseres Intellectes
gestattet, welches von vornherein am Begreifen von Materie
und Kraft scheitert. Besässen wir dagegen astronomische
Kenntnis dessen, was innerhalb des Gehirnes vorgeht, so
wären wir in Bezug auf das Zustandekommen[3] des Be-   30
wusstseins nicht um ein Haar breit gefördert. Auch im

1. bahnt sich . . . an, 'creates a way for.'
2. Causalitätsbedürfnis, 'demand for a causal agency.' — 3. Zustandekommen, 'origin.'

Besitze der Weltformel jener dem[1] unsrigen so unermess-
lich überlegene, aber doch ähnliche LAPLACE'sche Geist
wäre hierin nicht klüger als wir ; ja nach LEIBNIZ' Fiction
mit solcher Technik ausgerüstet, dass er Atom für Atom,
5 Molekel für Molekel, einen Homunculus[2] zusammensetzen
könnte, würde er ihn zwar denkend machen, aber nicht
begreifen, wie er dächte.
    Die erste Entstehung des Lebens hat an sich mit dem
Bewusstsein nichts zu schaffen.   Es handelt sich dabei nur
10 um Anordnung von Atomen und Molekeln, um Einleitung
gewisser Bewegungen.   Folglich ist nicht bloss astronomische Kenntnis dessen denkbar, was man Urzeugung,[3]
Generatio spontanea seu aequivoca, neuerlich Abiogenese[4]
oder Heterogenie[5] nennt, sondern diese astronomische
15 Kenntnis würde auch in Bezug auf die erste Entstehung
des Lebens unser .Causalitätsbedürfnis ebenso befriedigen,
wie in Bezug auf die Bewegungen der Himmelskörper.
    Das ist der Grund, weshalb, um mit STRAUSS zu reden,
"in der aufsteigenden Entwickelung der Natur" der Hiat[6]
20 für unser Verständnis noch nicht am Punkt A eintrifft,
sondern erst am Punkte B.   Übrigens habe ich keines-
weges behauptet, dass mit gegebener Empfindung jede
höhere Stufe geistiger Entwickelung verständlich, das

---

    1. **dem . . . überlegene,** 'so immeasurably superior to ours.' — 2.
Homunculus, diminutive of *homo*, 'little man' — the reference is to
Paracelsus, who, in his *De generatione rerum naturalium* gives explicit
directions for making the homunculus chemically.   See Goethe's *Faust*,
Part II.
    3. **Urzeugung,** 'original production.' — 4. **Abiogenese,** 'abiogenesis,'
a term which signifies the production of living things otherwise than
through the growth and development of detached portions of a parent
organism. — 5. **Heterogenie,** 'heterogenesis,' the spontaneous generation of animals or vegetable life low in the scale of organization from
inorganic elements.
    6. **Hiat,** 'gap.'

Problem C ohne Weiteres lösbar sei. Ich legte auf die
mechanische Unbegreiflichkeit auch der einfachsten Sinnesempfindung nur deshalb so grosses Gewicht, weil daraus
die Unbegreiflichkeit aller höheren geistigen Prozesse erst
recht, durch ein *Argumentum a fortiori*, folgt. 5
Zwar erscheint die erste Entstehung des Lebens jetzt
in noch tieferes Dunkel gehüllt, als da man noch hoffen
durfte, Lebendiges aus Totem im Laboratorium, unter dem
Mikroskop, hervorgehen zu sehen. In Hrn. PASTEUR'S
Versuchen ist die Heterogenie wohl für lange, wenn nicht 10
für immer, der Panspermie[1] unterlegen : wo man glaubte,
das Leben entstehe, entwickelten sich schon vorhandene
Lebenskeime. Und doch haben die Dinge so sich gewendet, dass, wer nicht auf ganz kindlichem Standpunkte
verharrt, logisch gezwungen werden kann, mechanische 15
Entstehung des Lebens zuzugeben. Dem geologischen
Actualismus und der Descendenztheorie gegenüber wird
sich kaum noch ein ernster Verfechter der Lehre von den
Schöpfungsperioden finden, nach welcher die schaffende
Allmacht stets von neuem ihr Werk vernichten sollte,[2] 20
um es, gleich einem stümperhaften Künstler, stets von
neuem, in einem Punkte besser, in einem anderen vielleicht
schlechter, von vorn wieder anzufangen. Auch wer an
Endursachen[3] glaubt, wird eingestehen, dass solches Be-
ginnen wenig würdig der schaffenden Allmacht erscheine. 25
Ihr geziemt, durch supernaturalistischen Eingriff in die
Weltmechanik höchstens einmal einfachste Lebenskeime
in's Dasein zu rufen, aber so ausgestattet, dass aus ihnen,
ohne Nachhülfe, die heutige organische Schöpfung werde.
Wird dies zugestanden, so ist die weitere Frage erlaubt, 30

---

1. **Panspermie,** cf. p. 53, 1 ; the theory that life can arise only from
germs already living. — 2. **sollte,** ' was supposed.' — 3. **Endursachen,**
' final causes.'

ob es nun nicht wieder der schaffenden Allmacht würdiger
sei, auch[1] jenes einmaligen Eingriffes in von ihr selber
gegebene Gesetze sich zu entschlagen, und die Materie
gleich von vorn herein mit solchen Kräften auszurüsten,
5 dass unter geeigneten Umständen auf Erden, auf anderen
Himmelskörpern, Lebenskeime ohne Nachhülfe entstehen
mussten? Dies zu verneinen giebt es keinen Grund; damit ist aber auch zugestanden, dass rein mechanisch Leben
entstehen könne, und nun wird es sich nur noch darum
10 handeln, ob die Materie, die[2] sich rein mechanisch zu
Lebendigem zusammenfügen kann, stets da war, oder ob
sie, wie LEIBNIZ meinte, erst von Gott geschaffen wurde.
Dass astronomische Kenntnis des Gehirnes uns das
Bewusstsein aus mechanischen Gründen nicht verständ-
15 licher machen würde als heute, schloss ich daraus, dass es
einer Anzahl von Kohlenstoff-, Wasserstoff-, Stickstoff-,
Sauerstoff- u. s. w. Atomen gleichgültig sein müsse, wie
sie liegen und sich bewegen, es[3] sei denn, dass sie schon
einzeln Bewusstsein hätten, womit weder das Bewusstsein
20 überhaupt, noch das einheitliche Bewusstsein des Gesamthirnes erklärt würde.
Ich hielt diese Schlussfolgerung für völlig überzeugend.
DAVID FRIEDRICH STRAUSS meint, am Ende könne doch
nur die Zeit darüber entscheiden, ob dies wirklich das
25 letzte Wort in der Sache sei. Das ist es nun freilich nicht
geblieben, sofern Hr. HAECKEL[4] die von mir behufs der
Reductio ad absurdum gemachte Annahme, dass die Atome
einzeln Bewusstsein haben, umgekehrt als metaphysisches

---

1. **auch . . . entschlagen,** 'to dispense even with that single inter-
ference with laws once established by himself.' — 2. **die . . . kann,**
'which can by mechanical process adjust itself into a living body.'
3. **es . . . dass,** 'unless.'
4. Ernst **Haeckel,** *Die Perigenesis der Plastidule,* Berlin: 1876, pp.
38, 39.

Axiom hinstellte. "Jedes Atom," sagt er, "besitzt eine
"inhärente Summe von Kraft, und ist in diesem Sinne
"'beseelt.' Ohne die Annahme[1] einer 'Atom-Seele' sind
"die gewöhnlichsten und allgemeinsten Erscheinungen der
"Chemie unerklärlich. Lust und Unlust, Begierde und 5
"Abneigung, Anziehung und Abstossung müssen allen
"Massen-Atomen gemeinsam sein ; denn die Bewegungen
"der Atome, die bei Bildung und Auflösung[2] einer jeden
"chemischen Verbindung stattfinden müssen, sind nur
"erklärbar, wenn wir ihnen Empfindung und Willen 10
"beilegen ... Wenn der 'Wille' des Menschen und der
"höheren Tiere frei erscheint im Gegensatz zu dem
"'festen' Willen der Atome, so ist das eine Täuschung,
"hervorgerufen durch die höchst verwickelte Willens-
"bewegung der ersteren im Gegensatze zu der höchst 15
"einfachen Willensbewegung der letzteren." Und ganz
im Geist der einst von derselben Stätte aus der[3] deutschen
Wissenschaft verderblich gewordenen falschen Naturphilo-
sophie[4] fährt Hr. HACKEL fort in Constructionen über das
'unbewusste Gedächtnis' gewisser von ihm als 'Plastidule' 20
bezeichneter 'belebter' Atomcomplexe.

So verschmäht er den uns von LA METTRIE[5] gewie-
senen Weg des inductorischen Erforschens, unter welchen
Bedingungen Bewusstsein entstehe. Er sündigt wider
eine der ersten Regeln des Philosophierens : "*Entia*[6] *non* 25
sunt creanda sine necessitate," denn wozu Bewusstsein, wo

1. Annahme, 'acceptance,' 'hypothesis.' — 2. Auflösung, 'disso-
lution.' — 3. der . . . gewordenen, 'which has become so pernicious to
German science.' — 4. Refers to the teachings of Schelling, who was
Häckel's predecessor at Jena.

5. Julien Offray La Mettrie (1709-1751), French philosopher and
friend of Frederick the Great, author of *Histoire naturelle de l'Ame*,
La Haye : 1745. — 6. 'Existences are not to be created without neces-
sity'; *entia*, is a present participle neuter plural from *esse*, a post-
classical word coined by philosophers to express that which is, exists.

Mechanik reicht? Und wenn Atome empfinden, wozu noch Sinnesorgane? Hr. HÄCKEL übergeht die doch genügend von mir betonte Schwierigkeit zu begreifen, wie den zahllosen 'Atom-Seelen' das einheitliche[1] Bewusstsein des
5 Gesamthirnes entspringe. Übrigens gedenke ich seiner Aufstellung nur um daran die Frage zu knüpfen, warum er es für jesuitisch hält, die Möglichkeit der Erklärung des Bewusstseins aus Anordnung und Bewegung von Atomen zu leugnen, wenn er selber nicht daran denkt, das Be-
10 wusstsein so zu erklären, sondern es als nicht weiter zergliederbares[2] Attribut der Atome postuliert?

Einem mehr in Anschauung von Formen geübten Morphologen ist es zu verzeihen, wenn er Begriffe wie Wille und Kraft nicht auseinanderzuhalten vermag. Aber auch
15 von besser geschulter Seite wurden ähnliche Missgriffe begangen. Anthropomorphische Träumereien aus der Kindheit der Wissenschaft erneuernd, erklärten Philosophen und Physiker die Fernwirkung von Körper auf Körper durch den leeren Raum aus[3] einem den Atomen
20 innewohnenden Willen. Ein wunderlicher Wille in der That, zu welchem immer Zwei gehören! Ein Wille, der, wie Adelheid's[4] im Götz, wollen soll, er mag wollen oder nicht, und das im geraden Verhältnis des Produktes der Massen und im[5] umgekehrten des Quadrates der Ent-
25 fernungen! Ein Wille, der das geschleuderte[6] Subject im Kegelschnitt bewegen muss! Ein Wille fürwahr, der

---

1. einheitlich, 'uniform.' — 2. zergliedbar, 'separable.'
3. aus . . . Willen, 'from a will inherent in the atoms.' — 4. A reference to Goethe's *Götz von Berlichingen*, Act ii. — 5. im . . . Entfernungen, 'inversely as the square of the distance.' — 6. das geschleuderte . . . muss, 'must move the projected body in a conic section,' referring to the law of mechanics, that a body moving under the action of a central force which varies inversely as the square of the distance, has for its orbit a conic section.

an jenen Glauben erinnert, welcher Berge versetzt,[1] aber in
der Mechanik bisher als Bewegungsursache noch nicht ver-
wertet wurde. Zu solchem Widersinn gelangt, wer, anstatt
in Demut sich zu bescheiden, die Flagge an den Mast
nagelt, und durch lärmende Phraseologie bei sich und 5
Anderen den Rausch zu unterhalten sucht, ihm sei gelungen,
woran NEWTON verzweifelte. In welchem Gegensatze zu
solchem Unterfangen erscheint die weise Zurückhaltung
des Meisters,[2] der als Aufgabe der analytischen Mechanik
hinstellt, die Bewegungen der Körper zu beschreiben. 10
Auf alle Fälle zeigt der heftige und weit verbreitete
Widerspruch gegen die von mir behauptete Unbegreiflichkeit des Bewusstseins aus mechanischen Gründen, wie
unrecht die neuere Philosophie daran thut, diese Unbegreiflichkeit als selbstverständlich vorauszusetzen. Mit 15
Feststellung dieses Punktes, also mit irgend einer der
meinigen entsprechenden Argumentation, scheint vielmehr
alles Philosophieren über den Geist anfangen zu müssen.
Wäre Bewusstsein mechanisch begreifbar, so gäbe es keine
Metaphysik ; für das Unbewusste allein bedürfte es keiner 20
anderen Philosophie, als der Mechanik.
Wenn ich hier einen Versuch der Neuzeit anreihe, die
andere Schranke des Naturerkennens weiter hinauszurücken,
und Licht auf die Natur der Materie zu werfen, um auch
ihn als unbefriedigend zu bezeichnen, so ist meine Meinung 25
nicht, ihn mit der Beseelung der Atome gleich niedrig zu
stellen. Dieser Versuch ging aus von der Schottischen
mathematisch-physikalischen Schule, von Sir WILLIAM
THOMSON und jenem Prof. TAIT, dessen Chauvinismus [3]

1. **versetzt,** ‘moves’ — see Matth. xvii. 20. — 2. Referring to GUSTAV
KIRCHHOFF, *Vorlesungen über mathematische Physik*, Leipzig : 1876,
III, 1.

3. **Chauvinismus,** ‘exaggerated patriotism,’ ‘jingoism’; the word
comes from Nicolas Chauvin, a French officer who, though discharged,
idolized Napoleon I. See SCRIBE, *Le soldat laboureux.*

den Streit über LEIBNIZ' Anteil an der Erfindung der
Infinitesimal-Rechnung wieder anfachte, und der sich nicht
scheut, LEIBNIZ einen Dieb zu schelten,[1] daher die Ehre,
heut in diesem Saale genannt zu werden, ihm eigentlich
5 nicht gebührt. Sir WILLIAM THOMSON und Prof. TAIT
glauben, dass sich aus den merkwürdigen Eigenschaften,
welche Hr. VON HELMHOLTZ an den Wirbelringen[2] der
Flüssigkeiten entdeckte, mehrere wichtige Eigentümlich-
keiten herleiten lassen, die wir den Atomen zuschreiben
10 müssen. Man könne sich unter den Atomen ausserordent-
lich kleine, von Ewigkeit her fort und fort sich drehende,
verschiedentlich geknotete[3] Wirbelringe denken. Nichts
kann ungerechter sein, als, wie in Deutschland geschah,
diese Theorie für eine Wiederbelebung der Cartesischen[4]
15 Wirbel auszugeben. Obwohl in den Wirbelringen die
wägbare Materie nicht, wie[5] in den die Eisenteilchen
umgebenden Strömchen die Elektricität, parallel der zum
Ringe gebogenen Axe, sondern um diese Axe kreist, fühlt
man sich durch die AMPÈRE'sche[6] Theorie doch günstig

1. Refers to the discussion as to Newton's and Leibniz's claims as
the discoverer of infinitesimal calculus. See *Nature*, vol. V, p. 81 ; vol.
XIX, p. 228; C. E. GERHARDT. *Die Entdeckung der höheren Analysis*,
Hannover: 1855; BREWSTER, *Life of Newton*, vol. II, p. 25. — 2. **Wirbel-
ring**, 'vortex ring.' See HELMHOLTZ, *Über Integrale der hydrodyna-
mischen Gleichungen, welche den Wirbelbewegungen entsprechen*, Crelle's
Journal, LV, 1858, pp. 25-55. — 3. geknotet, 'jointed.' — 4. **Cartesischen Wirbel.** According to Descartes, the movement of one particle
in a closely-packed universe is only possible if all other parts move
simultaneously, so that the last in the series steps into the place of the
first ; and as the figure and division of the particles varies in each point
of the universe, there will be a host of more or less circular movements,
and of vortices or whirlpools of material particles. — 5. **wie . . . Elektricität,** 'as the electricity in currents surrounding the particles of iron.'
— 6. **Ampère'sche Theorie.** Ampère's theory is that every molecule of
magnetic matter is acted on by a closed electric current, and magne-
tization takes place in proportion as the direction of these currents
approaches parallelism.

für die THOMSON'sche gestimmt. Aber so vorschnell es
wäre, Sir WILLIAM THOMSON's sinnreiche Speculation leicht-
hin abweisen zu wollen, weil sie in vielen Stücken zu kurz
kommt, e i n e s kann man schon sicher behaupten : dass sie,
so wenig wie irgend eine frühere Vorstellung, die Wider- 5
sprüche schlichtet, auf welche unser Intellect bei seinem
Bestreben stösst, Materie und Kraft zu begreifen. Denn
gelänge es ihr auch, bei der ihr zu Grunde liegenden Annahme stetiger Raumerfüllung die verschiedene Dichte der
Materie abzuleiten, sie müsste doch die Wirbelbewegung 10
entweder von Ewigkeit her bestehen, oder durch supernaturalistischen Anstoss entstehen lassen, da sie denn vor
der zweiten dem Begreifen der Welt sich widersetzenden
Schwierigkeit, dem Problem vom Ursprung der Bewegung,
alsbald wieder ratlos stände. 15
Dieser Schwierigkeiten lassen sich im Ganzen s i e b e n
unterscheiden. T r a n s c e n d e n t nenne ich darunter die,
welche mir unüberwindlich erscheinen, auch[1] wenn ich mir
die in der aufsteigenden Entwickelung ihnen voraufgehen-
den gelöst denke. 20
Die e r s t e Schwierigkeit ist das Wesen von Materie
und Kraft. Als meine eine Grenze des Naturerkennens
ist sie an sich transcendent.
Die z w e i t e Schwierigkeit ist eben der Ursprung der
Bewegung. Wir sehen Bewegung entstehen und vergehen ; 25
wir können uns die Materie in Ruhe vorstellen ; die Bewegung erscheint uns an der Materie als etwas Zufälliges,
wofür in jedem einzelnen Falle der zureichende Grund
angegeben werden muss. Versuchen wir daher uns einen
Urzustand zu denken, in welchem noch keine Ursache auf 30
die Materie eingewirkt hat, so dass in Bezug auf Bewegung

---

1. auch . . ., 'even if I imagine as solved those preceding them in
an ascending development (or scale).'

unserem Causalitätsbedürfnis keine weitere Frage übrig
bleibt, so kommen wir dazu, uns vor unendlicher Zeit die
Materie ruhend und im unendlichen Raume gleichmässig
verteilt vorzustellen. Da ein supernaturalistischer Anstoss
5 in unsere Begriffswelt nicht passt, fehlt es dann am zureichenden Grunde für die erste Bewegung. Oder wir
stellen uns die Materie als von Ewigkeit bewegt vor.
Dann verzichten wir von vorn herein auf Verständnis in
diesem Punkte. Diese Schwierigkeit erscheint mir trans-
10 cendent.

Die dritte Schwierigkeit ist die erste Entstehung des
Lebens. Ich sagte schon öfter und erst eben wieder, dass
ich, der hergebrachten Meinung entgegen, keinen Grund
sehe, diese Schwierigkeit für transcendent zu halten. Hat
15 einmal die Materie angefangen sich zu bewegen, so können
Welten entstehen ; unter geeigneten Bedingungen, die wir
so wenig nachahmen können, wie die, unter welchen eine
Menge unorganischer Vorgänge stattfinden, kann auch der
eigentümliche Zustand dynamischen Gleichgewichtes der
20 Materie, den wir Leben nennen, geworden sein. Ich
wiederhole es und bestehe darauf : sollten wir einen supernaturalistischen Act zulassen, so genügte ein einziger
solcher Act, der[1] bewegte Materie schüfe : auf alle Fälle
brauchten wir nur e i n e n Schöpfungstag.

25 Die v i e r t e Schwierigkeit wird dargeboten durch die
anscheinend absichtsvoll[2] zweckmässige Einrichtung der
Natur. Organische Bildungsgesetze können nicht zweckmässig wirken, wenn nicht die Materie zu Anfang zweckmässig geschaffen wurde ; so wirkende Gesetze sind also
30 mit der mechanischen Naturansicht unverträglich.[3] Aber
auch diese Schwierigkeit ist nicht unbedingt transcendent.

---

1. **der . . . schüfe,** 'which should create matter in motion.'

2. **absichtsvoll zweckmässig,** 'teleological.' — 3. **unverträglich,**
'inconsistent.'

DARWIN[1] zeigte in der natürlichen Zuchtwahl eine Möglichkeit, sie zu umgehen, und die innere Zweckmässigkeit der organischen Schöpfung sowohl wie ihre Anpassung an die unorganischen Bedingungen durch[2] eine nach Art eines Mechanismus mit Naturnotwendigkeit wirkende Verkettung 5 von Umständen zu erklären. Welcher Grad von Wahrscheinlichkeit der Selectionstheorie zukomme, erwog ich schon früher einmal bei gleicher Gelegenheit an dieser Stelle. "Mögen wir immerhin," sagte ich, "indem wir "an diese Lehre uns halten, die Empfindung des sonst 10 "rettungslos Versinkenden haben, der an[3] eine ihn nur "eben über Wasser tragende Planke sich klammert. Bei "der Wahl zwischen Planke und Untergang ist der Vor- "teil entschieden auf Seiten der Planke." Dass ich die Selectionstheorie einer Planke verglich, an der ein Schiff- 15 brüchiger Rettung sucht, erweckte im jenseitigen[4] Lager solche Genugthuung, dass man vor Vergnügen beim Weitererzählen[5] aus der Planke einen Strohhalm machte. Zwischen Planke und Strohhalm aber ist ein grosser Unterschied. Der auf einen Strohhalm Angewiesene versinkt, 20 eine ordentliche Planke rettete schon manches Menschenleben ; und deshalb ist auch die vierte Schwierigkeit bis auf weiteres nicht transcendent, wie zagend ernstes und gewissenhaftes Nachdenken auch immer wieder davor stehe.

Erst die f ü n f t e ist es wieder durchaus : meine andere 25 Grenze des Naturerkennens, das Entstehen der einfachen Sinnesempfindung.

So eben wurde daran erinnert, wie ich die hypermechanische Natur dieses Problems, folglich seine Transcendenz,

---

1. See DU BOIS-REYMOND in *Monatsberichte der Akademie der Wissenschaften*, 1876, p. 400.— 2. durch ... Umständen, ' by a concatenation of circumstances working according to natural law like a piece of mechanism.' — 3. an ... Planke, ' to a plank that bears him with head just above water.' — 4. im jenseitigen Lager, ' in the opponents' camp.' — 5. Weitererzählen, ' repetition.'

bewies. Es ist nicht unnütz zu betrachten, wie dies
LEIBNIZ[1] thut. An mehreren Stellen seiner nicht syste-
matischen Schriften findet sich die nackte Behauptung,
dass durch keine Figuren und Bewegungen, in unserer
5 heutigen Sprache, keine Anordnung und Bewegung von
Materie, Bewusstsein entstehen könne. In den sonst
gerade gegen den *Essay on Human Understanding* gerich-
teten *Nouveaux Essais sur l'Entendement Humain* lässt
LEIBNIZ den Anwalt des Sensualismus, Philalethes, fast
10 mit LOCKE'S Worten[2] sagen: "Vielleicht wird es ange-
"messen sein, etwas Nachdruck auf die Frage zu legen, ob
"ein denkendes Wesen von einem nicht denkenden Wesen
"ohne Empfindung und Bewusstsein, wie die Materie, her-
"rühren könne. Es ist ziemlich klar, dass ein materielles
15 "Teilchen nicht einmal vermag, irgend etwas durch sich
"hervorzubringen und sich selber Bewegung zu erteilen.
"Entweder also muss seine Bewegung von Ewigkeit, oder
"sie muss ihm durch ein mächtigeres Wesen eingeprägt[3]
"sein. Aber auch wenn sie von Ewigkeit wäre, könnte
20 "sie nicht Bewusstsein erzeugen. Teilt die Materie, wie[4]
"um sie zu vergeistigen, in beliebig kleine Teile ; gebt
"ihr was für Figuren und Bewegungen Ihr wollt ; macht
"daraus eine Kugel, einen Würfel, ein Prisma, einen
"Cylinder u. d. m., deren Dimensionen nur ein Tausend-
25 "milliontel eines philosophischen Fusses,[5] d. h. des dritten
"Teiles des Secundenpendels unter 45° Breite betragen.
"Wie klein auch dies Teilchen sei, es wird auf Teilchen
"gleicher Ordnung nicht anders wirken, als Körper von
"einem Zoll oder einem Fuss Durchmesser es untereinander

---

1. See LEIBNIZ, *Opera philosophica*, Berlin : 1840, p. 203. — 2. See
LOCKE, *Works*, London : 1812, vol. III, pp. 55, 56. — 3. einprägen,
'impart.' — 4. wie . . . vergeistigen, 'as if to change it into spirit.' —
5. The philosophical foot was suggested as a unit derivable directly from
the action of a natural law ; it is equal to 13.004 inches.

"thun. Und man könnte mit demselben Recht hoffen,
"Empfindung, Gedanken, Bewusstsein durch Zusammen-
"fügung grober Teile der Materie von bestimmter Figur
"und Bewegung zu erzeugen, wie mittelst der kleinsten
"Teilchen in der Welt. Diese stossen, schieben und wider- 5
"stehen einander gerade wie die groben, und weiter können
"sie nichts. Könnte aber Materie, unmittelbar und ohne
"Maschine, oder ohne Hülfe von Figuren und Bewegungen,
"Empfindung, Wahrnehmung und Bewusstsein aus sich
"selber schöpfen : so müssten diese ein untrennbares 10
"Attribut der Materie und aller ihrer Teile sein." Darauf
antwortet Theophil, der Vertreter des LEIBNIZ'schen Idea-
lismus : "Ich finde diese Schlussfolgerung so fest begründet
"wie nur möglich, und nicht nur genau zutreffend, sondern
"auch tief, und ihres Urhebers würdig. Ich bin ganz 15
"seiner Meinung, dass es keine Combination oder Modifi-
"cation der Teilchen der Materie giebt, wie klein sie auch
"seien, welche Wahrnehmung erzeugen könnte ; da, wie
"man klar sieht, die groben Teile dies nicht vermöchten,
"und in den kleinen Teilen alle Vorgänge denen in den 20
"grossen proportional sind."[1]
In der später für Prinz EUGEN[2] verfassten 'Monadologie'
sagt LEIBNIZ kürzer und mit ihm eigener, charakteristischer
Wendung : "Man ist gezwungen zu gestehen, dass die
"Wahrnehmung, und was davon abhängt, aus mechanischen 25
"Gründen, d. h. durch Figuren und Bewegungen, unerklär-
"lich ist. Stellt man sich eine Maschine vor, deren Bau
"Denken, Fühlen, Wahrnehmen bewirke, so wird man

1. See *Opera philosophica*, pp. 375 f.
2. **Prince Eugen** of Savoy (1663-1736), an Austrian general who
won great fame by his battles with the Turks, and hero of the *Volkslied*
beginning :

      "Prinz Eugenius, der edle Ritter,
      Wollt' dem Kaiser wiederum kriegen
      Stadt und Festung Belgerad . . ."

"sie sich in denselben Verhältnissen vergrössert denken
"können, so dass man hineintreten könnte, wie
"in eine Mühle. Und dies vorausgesetzt wird man in
"ihrem Inneren nichts antreffen als Teile, die einander
5 "stossen, und nie irgend etwas woraus Wahrnehmung sich
"erklären liesse."[1]
So gelangt LEIBNIZ zu demselben Ergebnis wie wir, doch
ist dazu zweierlei zu bemerken. Erstens verlor LOCKE's
von LEIBNIZ angenommene Beweisführung an[2] Bündigkeit
10 durch die Fortschritte der Naturwissenschaft. Denn vom
heutigen Standpunkt aus könnte eingewendet werden, dass
bei immer feinerer Zerteilung der Materie allerdings ein
Punkt kommt, wo sie neue Eigenschaften entfaltet. Es
fällt sogar sehr auf, dass weder LOCKE noch LEIBNIZ daran
15 dachten, wie es keineswegs gleichgültig ist, ob fussgrosse
Klumpen Kohle, Schwefel und Salpeter neben- und auf-
einander ruhen, oder ob diese Stoffe in bestimmtem Verhältnis zu einem Mischpulver verrieben und zu Klümpchen
von einer gewissen Feinheit gekörnt sind. Nicht einmal
20 die mechanische Leistung einander ähnlicher Maschinen
ist ihrer Grösse proportional. Wenn so die Materie nach
dem Grad ihrer Zerteilung andere und andere mechanisch
verständliche Wirkungen äussert, warum sollte sie bei noch
feinerer Zerteilung nicht auch denken, ohne dass diese
25 neue Wirkung aufhörte, mechanisch verständlich zu sein?
Um zu dieser nur scheinbar berechtigten, doch vielleicht
manche irreleitenden Frage nicht erst Gelegenheit zu
geben, ist es besser, LOCKE's fortschreitende Zerkleinerung
der Materie, LEIBNIZ' Gedankenmühle aus dem Spiel zu
30 lassen, und sogleich von der in Atome zerlegten Materie
zu beweisen, dass durch keine Anordnung und Bewegung
von Atomen das Bewusstsein je erklärt werde.

1. *Opera*, p. 706.
2. an **Bündigkeit**, 'in conciseness.'

Die zweite Bemerkung ist, dass wir zwar bis hierher mit LEIBNIZ gehen, aber vorläufig nicht weiter. Aus der Unbegreiflichkeit des Bewusstseins aus mechanischen Gründen schliesst er, dass es nicht durch materielle Vorgänge erzeugt werde. Wir begnügen uns damit, jene Unbegreiflichkeit 5 anzuerkennen, der ich gern den drastischen Ausdruck gebe, dass es eben so unmöglich ist zu verstehen, warum Zwicken des N. trigeminus Höllenschmerz verursacht, wie warum die Erregung gewisser anderer Nerven wohlthut. LEIBNIZ verlegt das Bewusstsein in die[1] dem Körper zuerteilte 10 Seelenmonade, und lässt durch Gottes Allmacht darin eine den[2] Erlebnissen des Körpers entsprechende Reihe von Traumbildern ablaufen. Wir dagegen häufen Gründe dafür, dass das Bewusstsein an materielle Vorgänge gebunden sei.

Übrigens wurde gegen meinen Beweis der Unmöglichkeit, 15 Bewusstsein mechanisch zu begreifen, von keiner Seite ein Wort vorgebracht; man begnügte sich mit contradictorischen Behauptungen. Nach Hrn. HÄCKEL wäre mein Leipziger Vortrag "im Wesentlichen eine grossartige Ver-"leugnung der Entwickelungsgeschichte," indem ich nicht 20 berücksichtige, dass die Menschheit mit der Zeit eine Organisation erreichen werde, die über der jetzigen so hoch stehe, wie diese über der unserer Progenitoren in irgend einer früheren geologischen Periode. Inzwischen scheint etwa seit HOMER unsere Species ziemlich stabil; 25 seit EPIKUR, der schon die Constanz von Materie und Kraft kannte, ward das Wesen der Körperwelt, seit PLATON und ARISTOTELES das des Geistes nicht verständlicher, und ehe Hrn. HÄCKEL's Vorhersage sich erfüllt, dürfte die Erde unbewohnbar werden. Allein wenn hier einer an der Ent- 30 wickelungsgeschichte sich versündigte, ist es der Jenenser[3]

1. die ... Seelenmonade, 'the soul-monad imparted to the body.' —
2. den ... entsprechende, 'corresponding to the experiences of the body.'
3. Jenenser Prophet, 'the prophet of Jena,' viz. HÄCKEL.

Prophet. Wie rasch oder langsam auch das menschliche
Gehirn fortschreite, es muss innerhalb des gegebenen Typus
bleiben, dessen höchstes Erzeugnis das unerreichbare Ideal
des LAPLACE'schen Geistes wäre. Da nun meine Grenzen
5 des Naturerkennens auch für diesen gelten, wird auch
durch Entwickelung die Menschheit nie darüber sich fort-
heben, und wenn Hr. HÄCKEL gegen meine Argumentation nichts einzuwenden weiss, als die Möglichkeit p a r a-
t y p i s c h e r [1] Entwickelung, werde ich wohl Recht behalten.
10 Nicht mit voller Überzeugung stelle ich als s e c h s t e
Schwierigkeit das vernünftige Denken und den Ursprung
der damit eng verbundenen Sprache auf. Zwischen
Amoebe [2] und Mensch, zwischen Neugeborenem und Er-
wachsenem ist sicher eine gewaltige Kluft; sie lässt sich
15 aber bis zu einem gewissen Grade durch Übergänge aus-
· füllen. Die Entwickelung des geistigen Vermögens in
der Tierreihe leistet dies objectiv bis zu den anthropoïden
Affen; um beim Einzelwesen von der einfachen Empfindung zu den höheren Stufen geistiger Thätigkeit zu
20 gelangen, bedarf die Erkenntnistheorie wahrscheinlich nur
des Gedächtnisses und des Vermögens [3] der Verallgemeinerung. Wie gross auch der zwischen den höchsten
Tieren und den niedrigsten Menschen übrigbleibende
Sprung und wie schwer die hier zu lösenden Aufgaben
25 seien, bei [4] einmal gegebenem Bewusstsein ist deren Schwierigkeit ganz anderer Art als die, welche der mechanischen
Erklärung des Bewusstseins überhaupt entgegensteht : diese
und jene sind incommensurabel. Daher bei gelöstem
Problem B, um wieder STRAUSS' Notation anzuwenden,
30 das Problem C mir nicht transcendent erscheint. Wie

1. **paratypisch** . . ., 'a development along side issues.'
2. **Amoebe,** 'amœba'; see *Century Dictionary.* — 3. **Vermögen der**
Verallgemeinerung, 'power of generalization.' — 4. **bei** . . . **Bewusst-**
sein, 'consciousness once being granted.'

STRAUSS richtig bemerkt, hängt aber das Problem C eng
zusammen mit einem anderen, welches in unserer Reihe
als s i e b e n t e s und letztes auftritt. Dies ist die Frage
nach der Willensfreiheit.

Zwar liegt es in der Natur der Dinge, dass alle hier 5
aufgezählten Probleme die Menschheit beschäftigt haben,
so lange sie denkt. Über Constitution der Materie, Ursprung des Lebens und der Sprache ist[1] jederzeit, bei
allen Culturvölkern, gegrübelt worden. Doch waren es
stets nur wenig erlesene Geister, die bis zu diesen Fragen 10
vordrangen, und wenn auch gelegentlich scholastisches
Gezänk um sie sich erhob, reichte doch der Hader kaum
über akademische Hallen hinaus. Anders mit der Frage, ob
der Mensch in seinem Handeln frei, oder durch unausweich-
lichen Zwang gebunden sei. Jeden berührend, scheinbar 15
jedem zugänglich, innig verflochten mit den Grundbe-
dingungen der menschlichen Gesellschaft, auf das tiefste
eingreifend in die religiösen Überzeugungen, hat diese
Frage in der Geistes- und Culturgeschichte eine Rolle
unermesslicher Wichtigkeit gespielt, und in ihrer Behand- 20
lung spiegeln sich die Entwickelungsstadien des Menschen-
geistes deutlich ab.

Das classische Altertum hat sich über das Problem der
Willensfreiheit den Kopf nicht sehr zerbrochen. Da für
die antike Weltanschauung im allgemeinen weder der 25
Begriff unverbrüchlich bindender Naturgesetze, noch der
einer absoluten Weltregierung vorhanden war, so lag kein
Grund vor zu einem Conflict zwischen Willensfreiheit und
dem herrschenden Weltprincip. Die Stoa[2] glaubte an ein
Fatum, und leugnete demgemäss die Willensfreiheit, die 30

1. ist . . . gegrübelt worden, ' has been much pondering.'
2. Stoa, trans. 'stoics.' The *Stoa*, a 'portico' or 'hall,' was a place
in Athens where Zeno, the founder of this school of philosophy, taught
his disciples.

römischen Moralisten stellten diese aber aus ethischem
Bedürfnis auf naiv subjectiver Grundlage wieder her.
" *Sentit* [1] *animus se moveri* " : — heisst es in den Tusculanen
— "*quod quum sentit, illud una sentit se vi sua, non aliena*
5 "*moveri* "; und der stoische Fatalismus wurde durch Anek-
doten verspottet, wie die von dem Sklaven des ZENON von
Kition, der den begangenen Diebstahl durch das Fatum
entschuldigend zur Antwort erhält : Nun wohl, so war es
auch dein Fatum geprügelt zu werden. Eine Geschichte,
10 welche heute noch am Bosporus spielen könnte, wo das
türkische *Kismeth* [2] an Stelle der stoischen Εἱμαρμένη [3] trat.
Der christliche Dogmatismus (gleichviel wie viel semi-
tische und wie viel hellenistische Elemente zu ihm ver-
schmolzen) war es, der durch die Frage nach der Willens-
15 freiheit in die dunkelsten, selbstgegrabenen Irrwege geriet.
Von den Kirchenvätern und Schismatikern, von AUGUSTINUS [4]
und PELAGIUS, durch die Scholastiker SCOTUS ERIGENA und
ANSELM von Canterbury, bis zu den Reformatoren LUTHER [5]
und CALVIN und darüber hinaus, zieht sich der hoffnungs-
20 los verworrene Streit über Willensfreiheit und Prädestination.
Gott ist allmächtig und allwissend ; nichts geschieht, was
er nicht von Ewigkeit wollte und vorhersah. Also ist der

---

1. This thesis, ' the spirit feels that it is in motion; and while it feels
this, it realizes that it is being moved by its own, not by an external
power,' occurs in *Tusculanae Disputationes*, I, 23. — 2. Kismeth, ' kis-
met,' an Oriental term denoting ' Fate.' — 3. Εἱμαρμένη (supply τύχη),
' the fate allotted [to every man].'

    4. Saint **Augustinus** (354–430), the earliest churchman to uphold
the doctrine of free will. **Pelagius** (about 400), combatted the doctrine
of original sin and predestination. Joannes **Scotus Erigena** (died in 875),
advocated the doctrine of predestination. **Anselm** (1034–1109), author
of *The Agreement of Predestination and the Grace of God with Free
Will.* — 5. For the doctrines of **Luther** and **Calvin**, see Dr. H. SCHÖN-
FELD in *Publications of the Modern Language Association of America*,
1891.

Mensch unfrei ; denn handelte er anders als Gott vorher-
bestimmt hatte, so wäre Gott nicht allmächtig und allwissend gewesen. Also liegt es nicht in des Menschen
Willen, dass er das Gute thue oder sündige. Wie kann
er dann für seine Thaten verantwortlich sein? Wie ver- 5
trägt[1] es sich mit Gottes Gerechtigkeit und Güte, dass er
den Menschen straft oder belohnt für Handlungen, welche
im Grunde Gottes eigene Handlungen sind?

Das ist die Form, in welcher das Problem der Willensfreiheit dem durch heiligen Wahnsinn verfinsterten Men- 10
schengeiste sich darstellte. Die Lehre von der Erbsünde,[2]
die Fragen nach der Erlösung durch eigenes Verdienst
oder durch das Blut des Heilandes, durch den Glauben
oder durch die Werke, nach den verschiedenen Arten der
Gnade, verwuchsen tausendfältig mit jenem an Spitzfindig- 15
keiten[3] schon hinlänglich fruchtbaren Dilemma, und vom
vierten bis zum siebzehnten Jahrhundert wiederhallten durch
die ganze Christenheit Klöster und Schulen von Disputa-
tionen über Determinismus[4] und Indeterminismus. Vielleicht
giebt es keinen Gegenstand menschlichen Nachdenkens, 20
über welchen längere Reihen nie mehr aufgeschlagener
Folianten im Staube der Bibliotheken modern. Aber nicht
immer blieb es beim Bücherstreit. Wütende Verketzerung
mit allen Greueln, die der herrschenden Religionspartei
gegen Andersdenkende freistanden, hing sich an solche ab- 25
struse Controversen um so lieber, je weniger damit Vernunft
und aufrichtiges Streben nach Wahrheit zu thun hatten.

Wie anders fasst unsere Zeit das Problem der Willensfreiheit auf. Die Erhaltung der Energie besagt, dass,

1. **Wie verträgt es sich,** 'how does it agree.'
2. **Erbsünde,** 'original sin.' — 3. **Spitzfindigkeiten,** 'subtleties.' —
4. **Determinismus,** 'determinism' (Mill) is the doctrine that every
choice is caused by preceding physical or psychic conditions ; **Indeterminismus,** the opposite.

so[1] wenig wie Materie, jemals Kraft entsteht oder vergeht.
Der Zustand der ganzen Welt, auch eines menschlichen
Gehirnes, in jedem Augenblick ist die unbedingte mechanische Wirkung des Zustandes im vorhergehenden Augen-
5 blick, und die unbedingte mechanische Ursache des Zustandes im folgenden Augenblick. Dass unter gegebenen
Umständen von zwei Dingen entweder das eine oder das
andere geschehen könne, ist undenkbar. Die Hirnmolekeln
können stets nur auf bestimmte Weise fallen, so sicher wie
10 Würfel, nachdem sie den Becher verliessen. Wiche eine
Molekel ohne zureichenden Grund aus ihrer Lage oder
Bahn, so wäre das ein Wunder so gross als bräche der
Jupiter aus seiner Ellipse und versetzte das Planetensystem
in Aufruhr. Wenn nun, wie der Monismus es sich denkt,
15 unsere Vorstellungen und Strebungen, also auch unsere
Willensakte, zwar unbegreifliche, doch notwendige und
eindeutige[2] Begleiterscheinungen der Bewegungen und
Umlagerungen unserer Hirnmolekeln sind, so leuchtet ein,
dass es keine Willensfreiheit giebt; dem Monismus ist
20 die Welt ein Mechanismus, und in einem Mechanismus
ist kein Platz für Willensfreiheit.

Der Erste, dem die materielle Welt in solcher Gestalt
vorschwebte, war LEIBNIZ. Wie ich an dieser Stelle schon
öfter bemerklich machte, war seine mechanische Welt-
25 anschauung durchaus dieselbe, wie die unsrige. Wenn er
die Erhaltung der Energie auch noch nicht wie wir durch
verschiedene Molecularvorgänge zu verfolgen vermochte,
er war von dieser Erhaltung überzeugt. Er befand[3] sich

---

1. so . . . vergeht, ' force never arises nor disappears any more than
matter does.' — 2. eindeutige Begleiterscheinungen, 'unequivocal
accompanying manifestations.'

3. befand . . . gegenüber, ' he was with respect to all molecular processes in the same position in which we are now with respect to some
of them.'

sämmtlichen Molecularvorgängen gegenüber in der Lage,
in welcher wir uns noch einzelnen gegenüber befinden.
Da nun LEIBNIZ ebenso fest an eine Geisterwelt glaubte,
die ethische Natur des Menschen in den Kreis seiner
Betrachtungen zog, ja mit der positiven Religion trefflich 5
sich abfand, so lohnt sich zu fragen, was er von der
Willensfreiheit hielt, insbesondere wie er sie mit der mechanischen Weltansicht zu verbinden wusste.
LEIBNIZ war unbedingter Determinist, und musste es
seiner ganzen Lehre nach sein. Er nahm zwei von Gott 10
geschaffene Substanzen an, die materielle Welt und die
Welt seiner Monaden. Die eine kann nicht auf die andere
wirken ; in beiden laufen mit unabänderlich vorherbe-
stimmter Nötigung, vollkommen unabhängig von einander,
aber genau Schritt haltend, mit einander harmonierende 15
Prozesse ab : das mathematisch[1] vor- und rückwärts be-
rechenbare Getriebe der Weltmaschine, und in den zu
jedem beseelten Einzelwesen gehörigen Seelenmonaden die
Vorstellungen, welche den scheinbaren Sinneseindrücken,
Willensacten und Vorstellungen des Wirtes der Monade 20
entsprechen. Der blosse Namen der prästabilierten Harmonie, den LEIBNIZ seinem Systeme giebt, schliesst Freiheit aus. Da die Vorstellungen der Monaden nur Traum-
bilder ohne mechanische Ursache, ohne Zusammenhang
mit der Körperwelt sind, so hat es LEIBNIZ leicht, die 25
subjective Überzeugung von der Freiheit unserer Handlungen zu erklären. Gott hat einfach den Fluss der Vorstellungen der Seelenmonade so geregelt, dass sie frei zu
handeln meint.
Bei anderer Gelegenheit schliesst sich LEIBNIZ mehr 30
der gewöhnlichen Denkweise an, indem er dem Menschen

---

1. **mathematische** . . . **Getriebe,** 'mathematically calculable oscil-
lations.'

einen Schein von Freiheit lässt, hinter welchem sich ge-
heime zwingende Antriebe verbergen.   Durch den Artikel
'BURIDAN' in seinem *Dictionnaire historique et critique*[1]
hatte PIERRE BAYLE wieder die Aufmerksamkeit auf das viel-
5 besprochene, fälschlich jenem Scholastiker zugeschriebene,
schon bei DANTE,[2] ja bei ARISTOTELES vorkommende
Sophisma gelenkt von

> ".......dem grauen Freunde,
> Der zwischen zwei Gebündel Heu . . ."

10 elendiglich verhungert, da beiderseits Alles gleich ist, er
aber als Tier das *franc arbitre* entbehrt.   "Es ist wahr,"
sagt LEIBNIZ in der Theodicee,[3] "dass, wäre der Fall
"möglich, man urteilen müsste, dass er sich Hungers
"sterben lassen würde : aber im Grunde handelt es sich
15 "um Unmögliches ; es sei denn, dass Gott die Sache ab-
"sichtlich verwirkliche.   Denn[4] durch eine den Esel der
"Länge nach hälftende senkrechte Ebene könnte nicht
"auch das Weltall so gehälftet werden, dass beiderseits
"Alles gleich wäre ; wie eine Ellipse oder sonst eine der
20 "von mir *amphidexter* genannten ebenen Figuren, welche
"jede durch ihren Mittelpunkt gezogene Gerade hälftet.
"Denn weder die Teile des Weltalls, noch die Eingeweide
"des Tieres sind auf beiden Seiten jener senkrechten
"Ebene einander gleich und gleich gelegen.   Es würde
25 "also immer viel Dinge im Esel und ausserhalb des Esels
"geben, welche, obschon wir sie nicht bemerken, ihn be-
"stimmen würden, eher der einen als der anderen Seite
"sich zuzuwenden.   Und obschon der Mensch frei ist,
"was der Esel nicht ist, erscheint doch auch im Menschen

---

1. See 5th ed., Amsterdam: 1740, vol. I, p. 708. — 2. See *Il Para-
diso*, canto iv. 5. — 3. See *Opera*, p. 517. — 4. denn . . . werden, 'for
the whole world could not be so bisected by a perpendicular plane
halving the ass lengthwise.'

"der Fall vollkommenen Gleichgewichtes der Bestimmungs-
"gründe für zwei Entschlüsse unmöglich, und ein Engel,
"oder wenigstens Gott, würde stets einen Grund für den
"vom Menschen gefassten Entschluss angeben können,
"wenn auch wegen der weit reichenden Verkettung der 5
"Ursachen dieser Grund oft sehr zusammengesetzt[1] und
"uns selber unbegreiflich wäre."
Über die Frage, wo beim Determinismus die Verantwort-
lichkeit des Menschen, die Gerechtigkeit und Güte Gottes
bleiben, hilft sich LEIBNIZ mit seinem Optimismus fort. 10
Am Schluss der Theodicee, von der ein grosser Teil diesem
Gegenstande gewidmet ist, führt er, eine Fiction des
LAURENTIUS VALLA[2] fortspinnend, aus, wie es für den
SEXTUS TARQUINIUS freilich schlimm war, Verbrechen begehen zu müssen, für welche ihm die Strafe nicht erspart 15
werden konnte. Zahllose Welten waren möglich, in denen
TARQUINIUS eine mehr oder minder achtungswerte Rolle
gespielt, mehr oder minder glücklich gelebt hätte, darunter
solche sogar, wo er als tugendhafter Greis, von seinen
Mitbürgern geehrt und beweint, hochbejahrt gestorben 20
wäre: allein Gott musste vorziehen, diese Welt zu er-
schaffen, in welcher SEXTUS TARQUINIUS ein Bösewicht
wurde, weil voraussichtlich sie die beste, das Verhältnis
des Guten zum unumgänglichen Übel für sie ein Maximum
war. 25
Es braucht nicht gesagt zu werden, dass[3] dem Monismus
mit diesen immerhin in sich folgerichtigen, aber, um das
Geringste zu sagen, höchst willkürlichen und das Gepräge
des Unwirklichen tragenden Vorstellungen nicht gedient

1. zusammengesetzt, 'complicated.'
2. Laurentius Valla (1415–1460), *Opera*, Basiliae: 1543, p. 1005.
3. dass ... kann, 'that monism cannot be benefited by these ideas,
which, though consistent with itself, are decidedly arbitrary and bear the
stamp of the unreal.'

sein kann, und so muss er denn selber seine Stellung zum
Problem der Willensfreiheit sich suchen.　Sobald man
sich entschliesst, das subjective Gefühl der Freiheit für
Täuschung zu erklären, ist es auf monistischer Grundlage
5 so leicht, wie bei Leibniz' extremem Dualismus, die schein-
bare Freiheit mit der Notwendigkeit zu versöhnen.　Die
Fatalisten aller Zeiten, worin auch ihre Überzeugung wurzelte, Zenon, Augustinus und die Thomisten,[1] Calvin,
Leibniz, Laplace, — Jacques[2] und seinen Hauptmann
10 nicht zu vergessen — fanden darin keine Schwierigkeit.
Mit mässiger dialektischer Gewandtheit lässt sich einem
jenes von Cicero beschriebene Gefühl wegdisputieren.
Auch im Traume fühlen wir uns frei, da doch die Phan-
tasmen unserer Sinnsubstanzen mit uns spielen.　Von
15 vielen scheinbar mit bewusster Absicht ausgeführten, weil
zweckmässigen Handlungen wissen wir jetzt, dass sie un-
willkürliche Wirkungen gewisser Einrichtungen unseres
Nervensystemes sind, der Reflexmechanismen und der
sogenannten automatischen Nervencentren.　Wenn wir auf
20 den Fluss unserer Gedanken achten, bemerken wir bald,
wie unabhängig von unserem Wollen Einfälle kommen,
Bilder aufleuchten und verlöschen.　Sollten unsere vermeintlichen Willensacte in der That viel willkürlicher sein?
Sind übrigens alle unsere Empfindungen, Strebungen, Vor-
25 stellungen nur das Erzeugnis gewisser materieller Vorgänge
in unserem Gehirn, so kann ja der Molecularbewegung,
mit welcher die Willensempfindung zum Heben des Armes
verbunden ist, auch sogleich der materielle Anstoss entsprechen, der die Hebung des Armes rein mechanisch

1. **Thomisten,** a philosophical school named after Thomas Aquinas
(1225-1274). He was the originator of the realistic school and founder
of the dogma that men can be saved only by God's grace. — 2. Refers
to Shakespeare's only philosophical character.　See *As You Like It*,
Act ii, Scene 7.

bewirkt, und es bleibt also beim ersten Blick gar kein Dunkel mehr zurück.

Das Dunkel zeigt sich aber für die meisten Naturen, sobald man die physische Sphäre mit der ethischen vertauscht. Denn man giebt leicht zu, dass man nicht frei, 5 sondern als Werkzeug verborgener Ursachen handelt, so lange die Handlung gleichgültig ist. Ob Cæsar in Gedanken die rechte oder linke Caliga[1] zuerst anlegt, bleibt sich gleich, in beiden Fällen tritt er gestiefelt aus dem Zelt. Ob er den Rubicon überschreitet oder nicht, davon 10 hängt der Lauf der Weltgeschichte ab. So wenig frei sind wir in gewissen kleinen Entschliessungen, dass ein Kenner der menschlichen Natur mit überraschender Sicherheit vorhersagt, welche Karte von[2] mehreren unter bestimmten Bedingungen hingelegten wir aufnehmen werden. Aber 15 auch der entschlossenste Monist vermag den ernsteren Forderungen des praktischen Lebens gegenüber die Vorstellung nur schwer festzuhalten, dass das ganze menschliche Dasein nichts sei als eine *Fable convenue,*[3] in welcher mechanische Notwendigkeit dem Cajus die Rolle des Ver- 20 brechers, dem Sempronius die des Richters erteilte, und deshalb Cajus zum Richtplatz[4] geführt wird, während Sempronius frühstücken geht. Wenn Hr. von Stephan[5] uns berichtet, dass auf hunderttausend Briefe Jahr aus Jahr ein so und so viel entfallen, welche ohne Adresse in 25 den Kasten geworfen werden, denken wir uns nichts Besonderes dabei. Aber dass nach Quetelet[6] unter hundert-

---

1. **Caliga,** a Roman name for the boot of a soldier. Emperor Caligula was called "the little boot" because he appeared so frequently in military boots. — 2. **von . . . hinlegten,** 'among several laid down under certain conditions.' — 3. **Fable convenue,** a fable accepted only by agreement. — 4. **Richtplatz,** 'place of execution.' — 5. **von Stephan,** for many years postmaster-general of the German Empire. — 6. **Quetelet,** *Essai de Physique Sociale,* Bruxelles : 1836, vol. II, p. 171.

tausend Einwohnern einer Stadt Jahr aus Jahr ein natur-
notwendig so und so viel Diebe, Mörder und Brandstifter
sind, das empört unser sittliches Gefühl; denn es ist
peinlich denken zu müssen, dass wir nur deshalb nicht
5 Verbrecher wurden, weil Andere für uns die schwarzen[1]
Loose zogen, die auch unser Teil hätten werden können.
Wer gleichsam schlafwandelnd durch das Leben geht,
ob er in seinem Traum die Welt regiere oder Holz hacke;
wer als Historiker, Jurist, Poet in einseitiger Beschaulich-
10 keit mehr mit menschlichen Satzungen und Leidenschaften,
oder wer naturforschend und -beherrschend ebenso be-
schränkten Blickes nur mit Naturgesetzen verkehrt: der
vergisst jenes Dilemma, auf dessen Hörner gespiesst unser
Verstand gleich der Beute des Neuntöters[2] schmachtet;
15 wie wir die Doppelbilder vergessen, welche Schwindel
erregend uns sonst überall verfolgen würden. In um so
verzweifelteren Anstrengungen, solcher Qual sich zu ent-
winden, erschöpft sich die kleine Schaar derer, die mit
dem Rabbi[3] von Amsterdam das All *sub specie aeternitatis*
20 anschauen: es sei denn, dass sie wie LEIBNIZ getrost die
Selbstbestimmung sich absprechen. Die Schriften der
Metaphysiker bieten eine lange Reihe von Versuchen,
Willensfreiheit und Sittengesetz mit mechanischer Welt-
ordnung zu versöhnen. Wäre ihrer einem, etwa[4] KANT,
25 diese Quadratur[5] wirklich gelungen, so hätte wohl die
Reihe ein Ende. So unsterblich pflegen nur unbesiegbare
Probleme zu sein.

Minder bekannt als diese metaphysischen sind die neuerlich in Frankreich hervorgetretenen, auf dasselbe Ziel ge-
30 richteten mathematischen Bestrebungen. Sie knüpfen an

1. **schwarzen Loose,** 'black lots' or 'balls.'
2. **Neuntöter,** 'butcher bird,' LANIUS EXCUBITOR. — 3. **Rabbi von
Amsterdam,** Benedict Spinoza (1632–1677), the famous philosopher. —
4. **etwa Kant,** 'our Kant for instance.' — 5. Supply *des Cirkels.*

DESCARTES' verunglückten Versuch an, die Wechselwirkung zwischen Seele und Leib, der von ihm angenommenen geistigen und materiellen Substanz zu erklären. Obschon nämlich DESCARTES die Quantität der Bewegung in der Welt für constant hielt, und obschon er nicht glaubte, 5 dass die Seele Bewegung erzeugen könne, meinte er doch, dass die Richtung der Bewegung durch die Seele bestimmt werde. LEIBNIZ zeigte, dass nicht die Summe der Bewegungen, sondern die der Bewegungskräfte constant ist, und dass auch die in der Welt vorhandene Summe der 10 Richtkräfte[1] oder des Fortschrittes nach irgend einer im Raume gezogenen Axe dieselbe bleibt. So nennt er die algebraïsche Summe der jener Axe parallelen Componenten aller mechanischen Momente. Nach letzterem, von DESCARTES übersehenen Satze könne auch die Richtung von 15 Bewegungen nicht ohne entsprechenden Kraftaufwand bestimmt oder verändert werden. Wie klein man sich solchen Kraftaufwand auch denke, er mache einen Teil des Naturmechanismus aus, und könne nicht der geistigen Substanz zugeschrieben werden. Eine Einsicht, zu welcher es wohl 20 kaum des von LEIBNIZ herangezogenen Apparates bedurfte, da der Hinweis auf GALILEI's Bewegungsgesetze genügt.

Der verstorbene Mathematiker COURNOT[2] in Dijon, Hr. BOUSSINESQ,[3] Professor in Lille, und der durch seine Arbeiten über Elasticität rühmlich bekannte Pariser Akade- 25 miker Hr. DE SAINT-VENANT[4] haben sich nacheinander die Aufgabe gestellt, die Bande des mechanischen Determinis-

1. **Richtkräfte . . . Axe,** 'directive forces, or of the advance in the line of any axis projected into space.'

2. **Cournot,** *Traité de l'enchaînement des idées fondamentales dans les Sciences et dans l'Histoire,* 1861, tome I, p. 364. — 3. **Boussinesq,** *Comptes Rendus* (19 Février, 1877), tome LXXXIV, p. 362. — 4. **de Saint-Venant,** *Accord des lois de la Mécanique avec la liberté de l'homme dans son action sur la matière, Comptes Rendus,* tome LXXXIV, 1877, p. 419.

mus durch den Nachweis zu sprengen, dass, LEIBNIZ' Behauptung entgegen, ohne Kraftaufwand Bewegung erzeugt oder die Richtung der Bewegung geändert werden könne. COURNOT und Hr. DE SAINT-VENANT führen dazu den der
5 deutschen physiologischen Schule längst geläufigen Begriff der Auslösung[1] (*décrochement*) ein. Sie glauben, dass die zur Auslösung der willkürlichen Bewegung nötige Kraft nicht nur verhältnismässig sehr klein, sondern Null sein könne. Hr. BOUSSINESQ seinerseits weist auf gewisse
10 Differentialgleichungen der Bewegung hin, deren Integrale singuläre Lösungen der Art zulassen, dass der Sinn der weiteren Bewegung zweideutig oder völlig unbestimmt wird. Schon POISSON[2] hatte auf diese Lösungen als auf eine Art mechanischen Paradoxons aufmerksam gemacht.
15 Solch ein Fall ist beispielsweise der, wo einem schweren Punkt am[3] Mantel eines reibungslosen Kegels mit senkrechter Axe und aufwärts gerichteter Spitze in der Richtung auf die Spitze zu die Geschwindigkeit erteilt wird, welche er von der Spitze frei herabfallend in derselben wagerechten
20 Ebene erlangen würde. Er kommt dann auf der Spitze mit der Geschwindigkeit Null an, und bleibt in Ruhe, bis es, nach Hrn. BOUSSINESQ's Annahme, einem dort hausenden '*Principe directeur*' gefällt, ihm in beliebiger Richtung einen ihn der Unterstützung beraubenden Anstoss zu erteilen,
25 der, obschon mechanisch gleich Null, doch im Stande sein soll, ihn am Kegelmantel wieder herabgleiten zu lassen. Einen Punkt einer Curve oder Fläche, wo dergleichen sich ereignen kann, nennt Hr. BOUSSINESQ *Point d'arrêt*, einen Punkt, wo die Bahn sich gabelt, *Point de bifurcation*, und
30 er meint, dass solche Punkte es seien, wo im Organismus

1. **Auslösung,** 'release.' — 2. **Poisson,** *Journal de l'École Polytechnique*, 13e Cahier, tome VI, 1806, pp. 63, 106.
3. **Mantel . . . wird,** 'on the curved surface of a perfectly smooth paraboloid having a perpendicular axis and its apex pointing upward.'

ein immaterielles Princip mechanische Wirkungen erzeugen könne. COURNOT glaubt der auslösenden Kraft gleich Null, Hr. BOUSSINESQ der Integrale mit singulären Lösungen schon zu bedürfen, um dadurch, in Verbindung mit dem 5 'lenkenden Prinzipe,' die Mannigfaltigkeit und Unbestimmbarkeit der organischen Vorgänge zu erklären. Die deutsche physiologische Schule, längst gewöhnt, in den Organismen nichts zu sehen als eigenartige Mechanismen, wird sich mit dieser Auffassung schwerlich befreunden, und 10 trotz den gegenteiligen Versicherungen, trotz der von Hrn. BOUSSINESQ angerufenen Auctorität CLAUDE BERNARD'S,[1] hinter dem 'lenkenden Prinzipe' die in Frankreich stets, unter der einen oder anderen Gestalt und Benennung, wieder auftauchende Lebenskraft fürchten. COURNOT's vitalisti- 15 sche Denkweise liegt völlig am Tage.

Dabei sei bemerkt, dass Hr. BOUSSINESQ mich missversteht, wenn er mich in den 'Grenzen des Naturerkennens' sagen lässt, ein Organismus unterscheide sich von einer Krystallbildung, etwa von Eisblumen oder dem Dianabaum, 20 nur durch grössere Verwickelung. Ich lege im Gegenteil Wert darauf, den Umstand genau bezeichnet zu haben, in welchem mir alle die sinnfälligen Unterschiede zu wurzeln scheinen, die jederzeit und überall die Menschheit trieben, in der lebenden und der toten Natur zwei verschiedene 25 Reiche zu erkennen, obschon, unserer jetzigen Überzeugung nach, in beiden dieselben Kräfte walten. Dieser Umstand ist der, dass in den unorganischen Individuen, den Krystallen, die Materie sich in stabilem Gleichgewicht befindet, während in den organischen Individuen, den 30 Lebewesen, mehr oder minder vollkommenes dynamisches

1. **Claude Bernard**, *Rapport sur les progrès et la marche de la Physiologie générale en France*, Paris : 1867, pp. 223, 233.

Gleichgewicht der- Materie herrscht, bald mit positiver,
bald mit negativer Bilanz. Während der das Tier durch-
rauschende Strom von Materie der[1] Umwandlung potentieller in kinetische Energie dient, erklärt er zugleich die
5 Abhängigkeit des Lebens von äusseren Bedingungen, den
integrierenden oder Lebensreizen der älteren Physiologie,
und die Vergänglichkeit des Organismus gegenüber[2] der
Ewigkeit des bedürfnislos in sich ruhenden Krystalls.[3]
    Unseres Bedünkens kann die Theorie des unbewussten
10 Lebens ohne sich gabelnde oder unbestimmt werdende
Integrale und ohne 'lenkendes Prinzip' auskommen. Andererseits ist zu bezweifeln, dass damit, oder mit der Auslösung, in dem Streit zwischen Willensfreiheit und Notwendigkeit irgend etwas auszurichten sei. Hrn. PAUL·
15 JANET's empfehlender Bericht an die *Académie des Sciences
morales et politiques*,[4]· dessen lichtvolle Schönheit ich höf-
lich bewundere, lässt auf[5] die Verantwortung der drei
Mathematiker hin die Möglichkeit eines mechanischen
Indeterminismus gelten. Indem aber diese Lehre von der
20 Behauptung, die auslösende Kraft könne unendlich klein
sein, übergeht zu der, sie könne auch wirklich Null sein,
scheint sie von[6] einem in der Infinitesimal-Rechnung unter
ganz anderen Bedingungen üblichen Verfahren unstatt-
haften Gebrauch zu machen. Erstere Behauptung will
25 doch nur sagen, dass die auslösende Kraft im Vergleich
zur ausgelösten Kraft verschwindend klein sein könne.
So verschwindet die Kraft des Flügelschlages einer Krähe,
welcher die Lawine zu Fall bringt, gegen die Kraft der

    1. der **Umwandlung**, 'for the transformation.' — 2. **gegenüber**, 'as
opposed.' — 3. See p. 52.
    4. *Comptes Rendus de l'Académie des Sciences morales et politiques*,
tome IX, 1878, p. 696. — 5. **auf die Verantwortung**, 'on the authority.'
— 6. **von . . . machen**, 'to make an unwarrantable use of a process in
the infinitesimal calculus which is usual under quite different conditions.'

schliesslich zu Thal stürzenden Schneemassen, d. h. wir können eine der ersteren gleiche Kraft bei Messung der letzteren vernachlässigen, weil sie bei keiner ziffermässigen Erwägung merklichen Einfluss übt, auch weit innerhalb der Grenzen der Beobachtungsfehler fällt. Aber wie winzig, 5 vom Thal aus betrachtet, neben der rasenden Gewalt der Lawine der Flügelschlag hoch oben erscheint, in der Nähe bleibt er ein Flügelschlag, dem ein bestimmtes Gewicht auf bestimmte Höhe gehoben entspricht. Im Wesen der Auslösung liegt, dass auslösende und ausgelöste Kraft von 10 einander unabhängig, durch kein Gesetz verknüpft sind; nach JUL. ROB. MAYER's treffendem Ausdruck ist die Auslösung überhaupt kein Gegenstand mehr für die Mathematik.[1] Daher es mindestens ungenau ist zu sagen, "das "Verhältnis der auslösenden zur ausgelösten Kraft strebe 15 "der Grenze Null zu,"[2] ohne hinzuzufügen, dass dies nur auf einem im Sinne der auslösenden Kraft zufälligen Wachsen der ausgelösten Kraft beruhe, also in unserem Beispiel bei sich gleich bleibendem Flügelschlag auf immer grösserer Höhe, Steilheit, Glätte der Bergwand, immer 20 mächtigerer Anhäufung von Schnee, u. d. m. So wenig kann die auslösende Kraft an sich wahrhaft Null sein, dass, soll nicht die Auslösung versagen, sie nicht einmal unter einen gewissen, von den Umständen abhängigen 'Schwellenwert'[3] sinken darf; und es ist also nicht daran 25 zu denken, mit Hülfe der Auslösung zu erklären, wie eine geistige Substanz materielle Änderungen bewirke. .

Was die von Hrn. BOUSSINESQ vorgeschlagene Lösung betrifft, so ist der schwere Punkt im *Point d'arrêt* einfach in labilem Gleichgewicht liegen geblieben, und um die 30

---

1. J. R. **Mayer**, *Die Torricellische Leere und ihre Auslösung*, Stuttgart : 1876, p. 11. — 2. de **Saint-Venant**, p. 422. — 3. **Schwellenwert**, 'initial value.'

Folgen dieser Lagerung zu erwägen,[1] war nicht nötig, ihn
erst durch Integration hinauf zu befördern. In der That
unterscheidet sich der Fall nur durch abstrakte Ausdrucksweise und mathematische Einkleidung von dem DANTE'S
5 oder BURIDAN'S, der sich auch so formulieren lässt, dass
das hungernde Geschöpf sich

"*Intra duo cibi, distanti e moventi*
D'un modo . . .,"[2]

in labilem Gleichgewicht befinde. Kein 'lenkendes Prinzip'
10 immaterieller Natur vermag den schweren Punkt auf der
Spitze des Kegels um die kleinste Grösse zu verschieben ;
unter allen Umständen gehört dazu eine wenn auch noch so
kleine mechanische Kraft. Könnte dies eine Kraft gleich
Null, so verschwände zugleich unsere zweite transcendente
15 Schwierigkeit, Entstehung der Bewegung bei gleichmässiger
Verteilung der Materie im unendlichen Raum : da[3] es an
einem Anstoss gleich Null ja nirgend fehlt.

Hr. BOUSSINESQ bringt auch die bekannte Frage zur
Sprache, was die Folge der Umkehr[4] aller Bewegungen in
20 der Welt wäre. Denkt man sich den Weltmechanismus
nur aus umkehrbaren Vorgängen bestehend, und in einem
gegebenen Augenblick die Bewegungen aller grossen und
kleinen Teile der Materie mit gleicher Geschwindigkeit
in gleicher Richtung umgekehrt, wie die eines zurück-
25 geworfenen Balles, so müsste die Geschichte der materiellen
Welt sich rückwärts wieder abspielen. Alles, was je sich
ereignet, trüge sich in umgekehrter Ordnung nach ge-
messener Frist wieder zu, das Huhn würde wieder zum
Ei, der Baum wüchse rückwärts zum Samen, und nach

---

1. erwägen, 'calculate.' — 2. 'Between two kinds of food equally
remote and tempting.' — 3. da . . . fehlt, 'since an impulse equal to
nothing would never be wanting.'
4. Umkehr, 'reversal.'

unendlicher Zeit hätte der Kosmos wieder zum Chaos
sich aufgelöst. Welche Empfindungen, Strebungen, Vorstellungen begleiteten nun wohl die verkehrten Bewegungen
der Hirnmolekeln? Wären die geistigen Zustände nur an
Stellungen von Atomen geknüpft, so würden mit den- 5
selben Stellungen dieselben Zustände wiederkehren, was
zu wunderlichen Folgerungen, beispielsweise zu der führt,
dass[1] unmittelbar vor einem Willensakte jedesmal das
Umgekehrte von dem Gewollten geschähe. Wir können
uns aber die Erwägung der hier denkbaren Möglichkeiten 10
sparen. Nicht nur, wie Hr. BOUSSINESQ ausführt, wegen
der sich gabelnden oder unbestimmt werdenden Integrale,
sondern auch sonst ist die Annahme falsch, dass so die
Kurbel[2] der Weltmaschine auf 'Rückwärts' gestellt werden
könnte. Unter anderem würde die[3] durch Reibung in 15
Wärme umgewandelte Massenbewegung nicht wieder in
denselben Betrag mit verändertem Vorzeichen gleichge-
richteter Massenbewegung zurückverwandelt werden. Die
verkehrte Welt bleibt ein unmögliches mechanisches Phan-
tasiestück, aus welchem über Zustandekommen von Be- 20
wusstsein und über Willensfreiheit nichts sich folgern lässt.

Mit unserer siebenten Schwierigkeit also steht es so,
dass sie keine ist, wofern man sich entschliesst, die Willensfreiheit zu leugnen und das subjective Freiheitsgefühl für
Täuschung zu erklären, dass aber anderenfalls sie für trans- 25
cendent gelten muss; und es ist dem Monismus nur ein
schlechter Trost, dass er den Dualismus in das ˉgleiche
Netz in dem Mass hülfloser verstrickt sieht, wie dieser
mehr Gewicht auf das Ethische legt. In diesem Sinne

1. dass ... geschähe, 'that always before we contemplate any act
the counterpart of the act intended would happen.'— 2. Kurbel, 'crank.'
— 3. die ... werden, 'the motion of masses which has through friction
been changed into heat could not be again brought back into the same
amount of motion oppositely directed.'

schrieb ich einst, in der Vorrede zu meinen 'Untersuchungen,
über tierische Elektricität,' die Worte, auf welche sich jetzt
STRAUSS gegen mich berief: "Die analytische Mechanik
"reicht bis zum Problem der persönlichen Freiheit, dessen[1]
5 "Erledigung Sache der Abstraktionsgabe jedes einzelnen
"bleiben muss." Es kam aber später, ich mache daraus
kein Hehl, für mich der Tag von Damaskus. Wiederholtes
Nachdenken zum Zweck meiner öffentlichen Vorlesungen
'Über einige Ergebnisse der neueren Naturforschung' führte
10 mich zur Überzeugung, dass dem Problem der Willensfreiheit mindestens noch drei transcendente Probleme vorher-
gehen: ausser dem schon früher von mir erkannten des
Wesens von Materie und Kraft, das der ersten Bewegung
und das der ersten Empfindung in der Welt.
15 Dass die sieben Welträtsel hier wie in einem mathematischen Aufgabenbuch hergezählt und numeriert wurden,
geschah wegen des wissenschaftlichen *Divide*[2] *et impera*.
Man kann sie auch zu einem einzigen Problem, dem Welt-
problem, zusammenfassen.
20 Der gewaltige Denker, dessen Gedächtnis wir heute
feiern, glaubte dies Problem gelöst zu haben: er hatte sich
die Welt zu seiner Befriedigung zurechtgelegt. Könnte
LEIBNIZ, auf seinen eigenen Schultern stehend, heut unsere[3]
Erwägungen teilen, er sagte sicher mit uns:

25   '*Dubitemus.*'[4]

1. **dessen . . . muss,** 'the solution of which must remain an affair of
the abstractive faculty of each individual.'
2. 'Divide and rule.'
3. **unsere . . . teilen,** 'share in our reflections.' — 4. 'Let us doubt.'

www.ingramcontent.com/pod-product-compliance
Lightning Source LLC
Chambersburg PA
CBHW021822190326
41518CB00007B/712